天线测试技术丛书

U0169789

LabVIEW 与天线测量技术

马玉丰　刘灵鸽　张启涛　王 宇　编著

西安电子科技大学出版社

内 容 简 介

本书介绍了 LabVIEW 在天线测试领域中的使用经验与相关程序代码，筛选并介绍了一些关键函数的使用方法，从基础到实践对天线测试系统采集与分析软件进行了源码解析，同时介绍了天线测试和天线测试系统集成知识，可帮助读者快速进入天线测试系统集成与软件开发的世界。

本书共 15 章，分为三篇。第 1 章至第 10 章为基础篇，介绍了 LabVIEW 的基础知识，包括认识 LabVIEW，启动界面、前面板与菜单，数据格式，循环与事件结构，文件 I/O，画图与显示，MAX 与仪器驱动、接口，VI 显示设置与美化，程序代码的保护，生成可执行与安装程序。第 11 章、第 12 章为提高篇，给出了天线测试系统采集软件与分析软件的源代码详细解析。第 13 章至第 15 章为高级篇，介绍了天线测试系统集成相关知识。本书通过对这三篇内容的讲解，可帮助读者了解天线测试参数与天线测试系统的组成、天线测试系统的工作原理、设计天线测试系统的关键知识，这些都是天线测试系统集成与软件工程师的必备常识。

本书可作为高等学校天线测试、测量等专业的教材，也可作为科研院所天线测试与天线测试系统集成工程师和对天线测试感兴趣的读者的学习参考书。

图书在版编目（CIP）数据

LabVIEW 与天线测量技术 / 马玉丰等编著. —西安：西安电子科技大学出版社，2023.6
ISBN 978-7-5606-6841-3

Ⅰ.①L… Ⅱ.①马… Ⅲ.①软件工具—程序设计②微波天线—测量技术

Ⅳ.①TP311.561②TN822

中国国家版本馆 CIP 数据核字(2023)第 058727 号

策　　划　吴祯娥
责任编辑　买永莲
出版发行　西安电子科技大学出版社(西安市太白南路 2 号)
电　　话　(029)88202421　88201467　　邮　　编　710071
网　　址　www.xduph.com　　　电子邮箱　xdupfxb001@163.com
经　　销　新华书店
印刷单位　咸阳华盛印务有限责任公司
版　　次　2023 年 6 月第 1 版　　2023 年 6 月第 1 次印刷
开　　本　787 毫米×1092 毫米　1/16　印　张　16.5
字　　数　389 千字
印　　数　1～2000 册
定　　价　49.00 元
ISBN　978-7-5606-6841-3 / TP
XDUP　7143001-1
如有印装问题可调换

前 言
PREFACE

随着电子与仪器技术的飞速发展，天线测试已从最早的手动描点测试发展到目前的智能自动控制测试，现在全球范围内已建成了大量的天线测试场地与测试系统。但是编者在查阅了市面上天线测试领域的专业书籍后发现，很少有将天线测试系统的集成与软件开发相结合来讲解开发天线测试系统软件的书籍。天线测试系统是怎么设计的？其中的配置是怎么选择的？天线测试系统软件又是怎么开发的？刚入职天线测试行业的工程师们是怎么快速实现职业转化的？这些问题从现成相关图书中很难找到答案。鉴于此，本书编写团队结合自己多年的天线测试系统集成与使用经验编写了本书，因此本书可视为天线测试系统集成工程师的养成手册。

本书主要介绍了天线测试系统集成与 LabVIEW 编程开发天线测试系统软件方面的技术，揭示了天线测试系统集成的奥秘。本书内容包含了 LabVIEW 虚拟仪器开发平台的使用及其在天线测试领域实际应用中的技巧、案例代码与系统控制经验，还涵盖了天线测试和测量技术，在书中详细介绍了 LabVIEW 虚拟仪器编程案例与天线测试系统的集成控制开发程序源码。通过学习本书，读者可以使用 LabVIEW 开发环境一步一步地开发自己的天线测试系统。本书可助力该领域行业新人的成长，使读者迅速掌握天线测试系统设计与软件集成开发技术。本书配有程序包，读者可根据阅读需要登录西安电子科技大学出版社官网(www.xduph.com)搜索下载。

本书共 15 章，全书由马玉丰统稿。其中，前 10 章由马玉丰编写，第 11 章和第 12 章由马玉丰和王宇共同编写，第 13 章至第 15 章由刘灵鸽和张启涛共同编写。

由于编者水平有限，书中难免会有一些不足，敬请广大读者批评指正。

编　者
2023 年 2 月

目录
CONTENTS

基 础 篇

提 高 篇

高 级 篇

基础篇

JI CHU PIAN

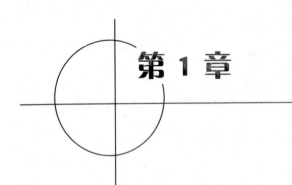

第 1 章

认识 LabVIEW

1.1 LabVIEW 的概念

LabVIEW(Laboratory Virtual Instrument Engineering Workbench)是一种用图标代替文本行创建应用程序的图形化编程语言，由美国国家仪器(NI)公司研制开发。LabVIEW 提供的开发环境类似 C 语言和 BASIC 语言的开发环境，它与其他计算机语言的显著区别是：其他计算机语言大多采用基于文本的语言产生代码，而 LabVIEW 使用图形化编程语言 G 编写程序(其产生的程序是框图的形式)。LabVIEW 软件是 NI 设计平台的核心，也是开发测量控制系统的理想选择。LabVIEW 开发环境集成了快速构建各种应用所需的工具，可以快速解决问题、提高效率和不断创新。图 1.1 所示为 LabVIEW 程序界面与框图示例。

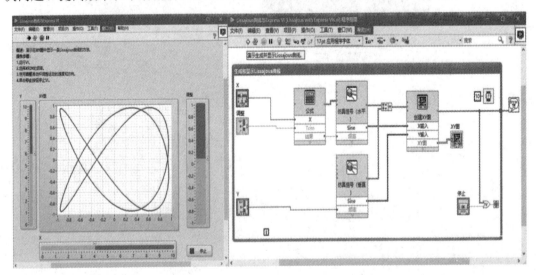

图 1.1　LabVIEW 程序界面与框图示例

与 C 语言和 BASIC 语言一样，LabVIEW 也是通用的编程语言，它有一个庞大的函数库。LabVIEW 的函数库包括数据采集、GPIB(General-Purpose Interface Bus,通用接口总线)、串口控制、数据分析、数据显示及数据存储等函数。LabVIEW 的传统程序调试工具包括设置断点、以动画方式显示数据及其子程序(子 VI)的结果、单步执行等,便于程序的调试。

　　传统文本编程语言的语句和指令的先后顺序决定程序执行顺序,而 LabVIEW 的数据流顺序决定程序的执行顺序。LabVIEW 的程序框图中节点之间的数据流向决定了 VI 及函数的执行顺序,其中 VI 指虚拟仪器(Virtul Instrument),是 LabVIEW 的程序模块。

　　LabVIEW 提供了很多传统仪器(如示波器、万用表等)控件,可用来方便地创建用户界面。用户界面在 LabVIEW 中被称为前面板,可以通过使用图标和连线编写程序对前面板上的对象进行控制。这就是图形化源代码,又称 G 代码。LabVIEW 的图形化源代码在某种程度上类似于流程图,因此又被称作程序框图代码。

　　LabVIEW 最初就是为测试、测量而设计的,因而测试、测量就成为现在 LabVIEW 最广泛的应用领域。经过多年的发展,LabVIEW 在测试、测量领域获得了广泛的认可。目前,大多数主流的测试仪器、数据采集设备都拥有专门的 LabVIEW 驱动程序,使用 LabVIEW可以非常便捷地控制这些硬件设备。同时,用户也可以十分方便地找到各种适用于测试、测量领域的 LabVIEW 工具包。这些工具包几乎覆盖了用户所需的所有功能,用户在这些工具包的基础上再开发程序就容易多了,有时甚至只需简单地调用几个工具包中的函数就可以组成一个完整的测试、测量应用程序。

　　控制与测试是两个相关度非常高的领域,从测试领域起家的 LabVIEW 自然而然地最先拓展至控制领域。LabVIEW 拥有专门用于控制领域的模块——LabVIEW DSC。除此之外,工业控制领域常用的设备、数据线等,通常也都带有相应的 LabVIEW 驱动程序。使用 LabVIEW 可以非常方便地编制各种控制程序。

　　LabVIEW 拥有跨平台功能,具有良好的平台一致性。LabVIEW 的代码不需任何修改就可以运行于常见的三大台式机操作系统——Windows、Mac OS 及 Linux。除此之外,LabVIEW 还支持各种实时操作系统和嵌入式设备,如常见的 PDA、FPGA 以及运行 VxWorks和 PharLap 系统的 RT 设备。

　　LabVIEW 可以提高编程速度。根据笔者对部分参与项目的统计,完成一个功能类似的大型应用软件,熟练的 LabVIEW 程序员所需的开发时间,大概是熟练的 C 程序员所需时间的 1/5。因此,如果项目开发时间紧张,应该优先考虑使用 LabVIEW,以缩短开发时间。

　　LabVIEW 包含了多种多样的数学运算函数,特别适合进行模拟、仿真、原型设计等工作。在设计机电设备之前,可以先在计算机上用 LabVIEW 搭建仿真原型,验证设计的合理性,找到潜在的问题。在高等教育领域,可以使用 LabVIEW 进行软件模拟,为学生提供很好的实践机会。

　　LabVIEW 的功能强大,应用场景丰富,如图 1.2 所示。本书讲述的 LabVIEW 编程的基础知识仅限于编写天线测试系统软件使用到的函数,其他未涉及的函数编程功能本书不做过多介绍,读者如有兴趣,可阅读 LabVIEW 专业编程书籍。

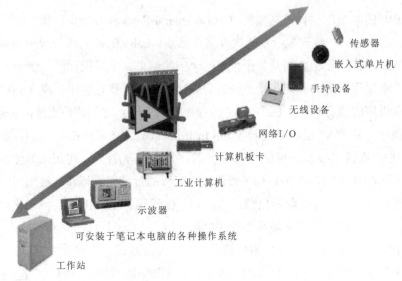

图 1.2　LabVIEW 的应用场景

1.2　LabVIEW 2018 的安装

本书以 LabVIEW 2018 为例介绍 LabVIEW 的使用方法。LabVIEW 2018 的安装过程为：双击 2018LV-WinChn.exe 文件(如图 1.3 所示)，弹出如图 1.4 所示的解压程序包提示对话框，分别单击"确定""Unzip"，等待解压以后，弹出如图 1.5 所示的安装程序界面。单击"下一步(N)"，出现如图 1.6 所示的用户信息界面，输入软件的用户信息，一般保持默认即可。单击"下一步 (N)"，出现如图 1.7 所示的安装路径界面，选择软件安装的默认路径与文件夹，软件大概占用硬盘 1.6 GB 的存储空间，选择合适的盘符后单击"下一步(N)"，弹出如图 1.8 所示的安装组件与设备驱动界面，一般也是保持默认设置。单击"下一步(N)"，出现如图 1.9 所示的开始安装界面，提示开始安装。单击"下一步(N)"，程序开始安装，弹出如图 1.10 所示的安装过程界面，安装完成后单击"确定"即可。

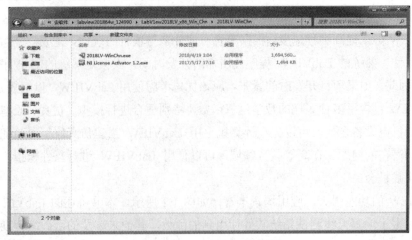

图 1.3　LabVIEW 2018 程序包

图 1.4　解压程序包

图 1.5　LabVIEW 2018 安装程序界面

图 1.6　LabVIEW 2018 用户信息

图 1.7　LabVIEW 2018 安装路径

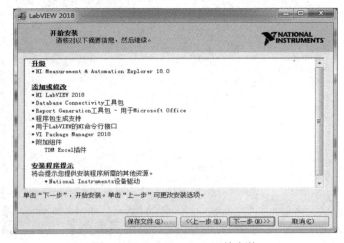

图 1.8　LabVIEW 2018 安装组件与设备驱动

图 1.9　LabVIEW 2018 开始安装

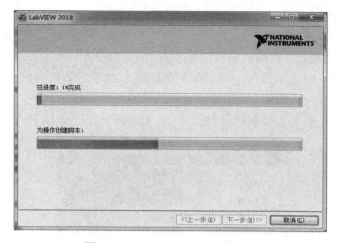

图 1.10　LabVIEW 2018 安装过程

1.3　开启 LabVIEW 程序之旅

LabVIEW 从诞生之初的 1.0 版本，到现在已经升级更新到了 2022 Q3 版本。笔者从 LabVIEW 8.5 版本开始使用，其间使用过 LabVIEW 2014 版本，后来使用了 LabVIEW 2018 版本。不同版本的 LabVIEW 只能向下兼容，用高版本的软件打开低版本的程序是没问题的，但是用低版本的软件打开高版本的程序会提示版本过低且无法打开。用高版本的 LabVIEW 编写的程序如果想用低版本的软件打开，可将其在高版本的开发环境中另存为低版本的程序代码。这对于有些仪表自带的 LabVIEW 高版本的驱动程序的兼容使用是很方便的，将高版本的源代码驱动程序另存为 LabVIEW 2018 版本，即可与笔者开发的源代码兼容。总的来看 LabVIEW 不同版本之间会有些差异，原因是 NI 公司每年都会对软件进行优化更新，然而，最新的版本并不一定就是最好用的，因此，笔者一直使用的是 LabVIEW 2018 版本。本书以下的内容全部以 LabVIEW 2018 版本为基础进行讲解。打开 LabVIEW 2018，其主界面如图 1.11 所示。

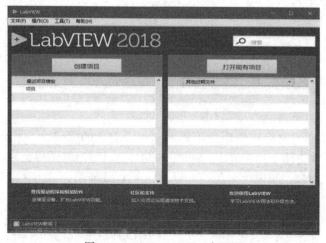

图 1.11　LabVIEW 2018 主界面

单击菜单栏的"文件(F)"→"新建 VI"(如图 1.12 所示),或者按下键盘快捷键 Ctrl + N,可以快速建立一个属于自己的 VI。此时会弹出两个界面,即未命名 1 前面板与未命名 1 程序框图,如图 1.13 所示。前面板是用户程序的 UI 人机交互界面,程序框图是程序员开发的程序代码。此时,单击未命名 1 前面板的菜单栏中的"文件(F)"→"保存(S)",弹出保存路径对话框,选择相应的保存路径后,重新命名即可把当前的 VI 程序保存。尤其是在编程过程中及编程结束后要养成实时保存的习惯,防止程序意外崩溃丢失。

图 1.12　新建 VI

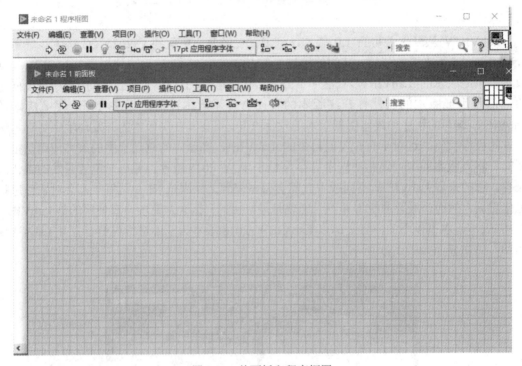

图 1.13　前面板和程序框图

前面板与程序框图建立完成后,可以编写一个简单的代码让 LabVIEW 显示"你好 LabVIEW 2018"。单击图 1.13 中的程序框图界面,此时程序框图界面被激活,在程序框图的空白处单击鼠标右键,弹出"函数"选板,如图 1.14 所示。单击"函数"选板中的"编程"→"对话框与用户界面",弹出"对话框与应用界面",其中包含了所有子函数。单击"单按钮对话框",此时鼠标变成 的形状,同时程序框图界面的边框多了一个虚线边框,单击鼠标左键,把该函数放置于程序框图的任意位置即可,如图 1.15 所示。

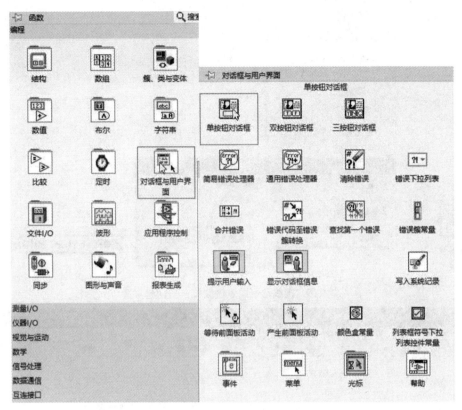

图 1.14 函数选板——单按钮对话框

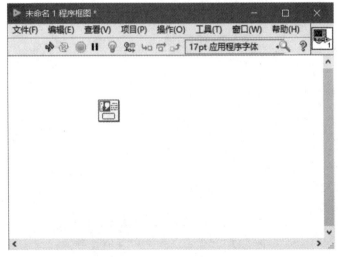

图 1.15 单按钮对话框程序框图

将鼠标移动到图 1.15 中的"单按钮对话框"函数上,显示该函数的连线数据,如图 1.16 所示。粉色的线代表字符类型的数据格式,绿色的线代表布尔类型的数据格式。将鼠标移动到左上粉色线的位置,鼠标会自动变成线轴的样子,如图 1.16 所示。单击鼠标右键,弹出菜单列表框,选择"创建"→"常量",可以看到出现了一个输入框,在输入框中输入"你好 LabVIEW 2018",如图 1.17 所示。

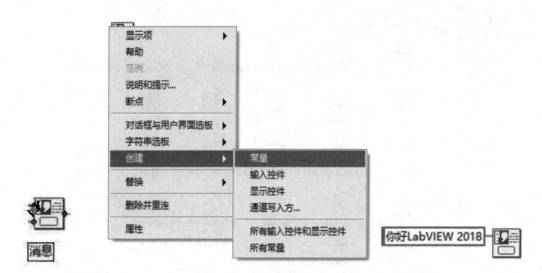

图 1.16　接线端子的右键菜单——创建常量

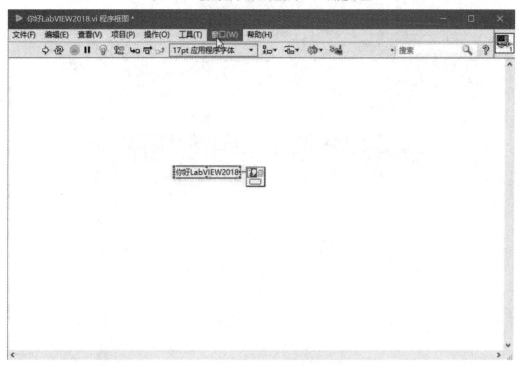

图 1.17　"你好 LabVIEW"程序框图

此时程序就编写完了，单击前面板的标题栏切换到前面板，或者单击程序框图工具栏中的"窗口(W)"→"显示前面板"切换到程序的前面板，如图 1.18 所示。单击前面板工具栏上的向右箭头 ⏵(运行程序按钮)，如图 1.19 所示。此时，弹出消息框"你好 LabVIEW 2018"，单击"确定"中止程序的运行，如图 1.20 所示。至此，第一个 LabVIEW 程序开发完成。接下来需要保存该程序，单击图 1.20 菜单栏中的"文件(F)"→"保存(S)"按钮，将该程序保存为"你好 LabVIEW 2018.vi"。

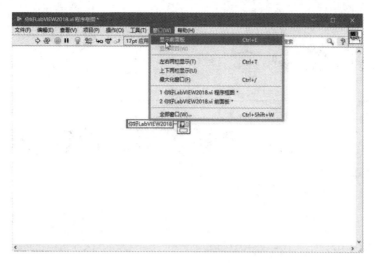

图 1.18　窗口——切换至前面板

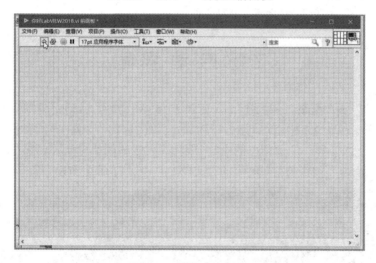

图 1.19　运行程序框图

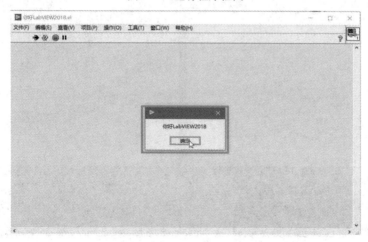

图 1.20　运行程序的结果

第 2 章

启动界面、前面板与菜单

从本章开始，正式进入 LabVIEW 2018 的学习。本章讲述了在天线测试系统软件开发过程中需要使用的内容，从最基础的功能开始，由浅入深，并且在其中加入一些编程技巧及感受。使读者以最快的速度掌握 LabVIEW。

2.1 启动界面

选择"开始"→"程序"→"NI LabVIEW 2018 (32 位)"。启动完成以后就进入如图 2.1 所示的启动界面。从图 2.1 中可以看到该界面的菜单栏包括"文件(F)""操作(O)""工具(T)""帮助(H)"四个子菜单，各子菜单的内容分别如图 2.2～图 2.5 所示。图 2.1 所示启动界面中的"打开现有项目"按钮与菜单栏中的"文件(F)"→"打开项目(E)..."的功能一致。

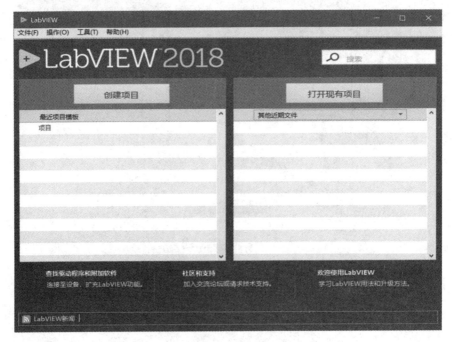

图 2.1　NI LabVIEW 2018(32 位)的启动界面

新建VI	Ctrl+N
新建(N)...	
打开(O)...	Ctrl+O
创建项目...	
打开项目(E)...	
近期项目	▶
近期文件(F)	▶
退出(X)	Ctrl+Q

连接远程前面板(T)...
调试应用程序或共享库(A)...

图 2.2　菜单栏中的"文件"子菜单　　　　图 2.3　菜单栏中的"操作"子菜单

Measurement & Automation Explorer (M)...	
仪器(I)	▶
合并(E)	▶
安全(S)	▶
用户名(U)...	
源代码控制	▶
LLB管理器(L)...	
导入(T)	▶
共享变量(H)	▶
分布式系统管理器(B)	
在磁盘上查找VI...	
NI范例管理器...	
远程前面板连接管理器...	
Web发布工具...	
Create Data Link...	
查找LabVIEW附加软件...	
控制和仿真	▶
高级(A)	▶
选项(O)...	

显示即时帮助(H)	Ctrl+H
锁定即时帮助(L)	Ctrl+Shift+L
LabVIEW帮助...(b)	Ctrl+?
解释错误(X)...	
查找范例(E)...	
查找仪器驱动(I)...	
网络资源(W)...	
激活LabVIEW组件(M)...	
激活附加软件(O)...	
检查更新(C)	
客户体验改善计划(U)...	
专利信息(P)...	
关于LabVIEW(A)...	

图 2.4　菜单栏中的"工具"子菜单　　　　图 2.5　菜单栏中的"帮助"子菜单

LabVIEW 使用工程管理 LabVIEW 文件，单击图 2.1 所示启动界面中的"创建项目"按钮，弹出如图 2.6 所示的界面。其中包括"项目""VI""简单状态机""队列消息处理器""操作者框架""有限次测量""连续测量和记录""反馈式蒸发冷却器""仪器驱动程序项目""触摸面板项目"。

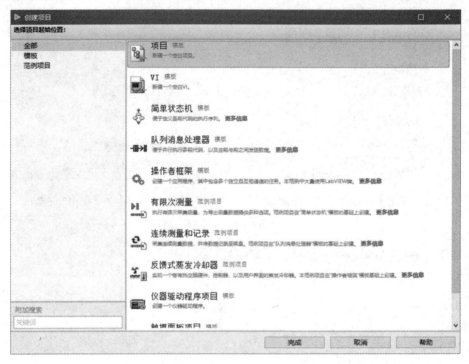

图 2.6 创建项目

图 2.1 所示界面右上角的"搜索"框可以搜索需要的函数，搜索成功后进入相应函数的帮助界面。LabVIEW 具有强大的帮助函数库，包含每个函数的解释以及大部分程序案例，如图 2.7 所示。查阅 LabVIEW 帮助信息也是学习 LabVIEW 的好方式，其中的大部分程序都可以作为程序案例反复学习，并且可以另存后对其进行任意调整和修改。

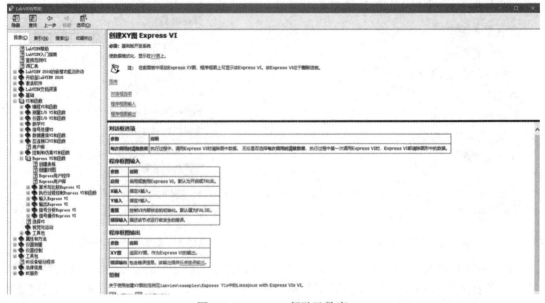

图 2.7 LabVIEW 帮助函数库

2.2　前面板和程序框图

LabVIEW 中开发的程序都叫 VI，程序文件名的后缀一般为 .vi。在图 2.1 的启动界面上单击菜单栏中的"文件(F)"→"新建 VI"即可弹出前面板与程序框图，如图 2.8 所示。

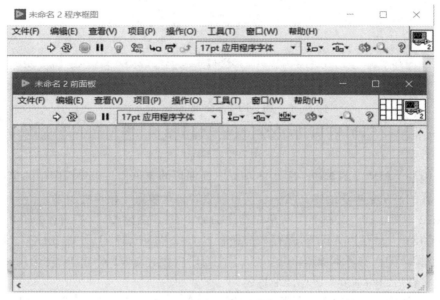

图 2.8　前面板与程序框图

　　每个 VI 都是由前面板和程序框图组成的。前面板是用户的程序 UI 界面，包含用户对程序的输入、输出和显示，LabVIEW 给用户提供了极其丰富的输入与显示控件。程序框图是程序的源代码，类似于 C 语言的程序代码，只不过 LabVIEW 程序是框图形式的。框图中的程序函数同样极其丰富，包含各种类型的数据、图标、仪器接口、数学函数等。前面板的控件与程序框图的函数是相关联的，单击图 2.8 前面板菜单栏中的"窗口(W)"→"显示程序框图"，或者单击程序框图窗口菜单栏中的"窗口(W)"→"显示前面板"，即可在前面板和程序框图间进行相互切换。

2.3　菜单栏与工具栏

　　LabVIEW 提供了两种菜单栏的显示方式：一种是 VI 前面板或后面板的菜单栏，如图 2.9 所示；另一种是细化到每个程序函数的菜单栏，如图 2.10 所示。在函数上单击鼠标右键会弹出函数的菜单栏，每个函数的菜单栏会有所不同，对应函数的功能也不同。VI 程序的菜单栏主要包括"文件(F)""编辑(E)""查看(V)""项目(P)""操作(O)""工具(T)""窗口(W)"和"帮助(H)"等子菜单。工具栏如图 2.11 所示，从左至右分别为"运行程序""连续运行程序""终止程序""暂停程序""应用程序字体控制""对齐对象""分布对象""调整对象大小""重新排序""搜索"和"帮助"。

文件(F)　编辑(E)　查看(V)　项目(P)　操作(O)　工具(T)　窗口(W)　帮助(H)

图 2.9　菜单栏

图 2.10　函数菜单栏

图 2.11　工具栏

前面板的菜单栏如图 2.12～图 2.15 所示。前面板的菜单栏与程序框图中的菜单栏功能几乎是一样的，从菜单项的中文名称含义可以很容易理解每个菜单的用途。

图 2.12 中所示的"文件(F)"菜单中常用的命令有："新建 VI""打开(O)...""关闭全部(L)""保存(S)""另存为(A)...""保存为前期版本(U)...""VI 属性(I)""退出(X)"。这些命令可以实现对 VI 的一些基本操作，其中"VI 属性(I)"中包含对 VI 程序的一些通用属性设置，这一内容将在后面的章节中进行详细讲述。

图 2.12 中所示的"编辑(E)"菜单中常用的命令有："撤消窗口移动""重做""剪切(T)""复制(C)""粘贴(P)""删除(D)""选择全部(A)""当前值设为默认值(M)""自定义控件(E)...""删除断线(B)""整理程序框图""运行时菜单(R)...""查找和替换(F)..."。

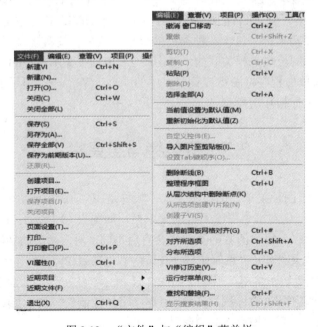

图 2.12　"文件"与"编辑"菜单栏

图 2.13 中所示的"查看(V)"菜单中常用的命令有："工具选板(T)""探针监视窗口(P)"
"VI 层次结构(H)""启动窗口(G)""导航窗口(N)"。

图 2.13 中所示的"项目(P)"菜单中常用的命令有："创建项目...""打开项目(O)...""保
存项目(S)""关闭项目(C)"。这些命令可以实现对项目的操作。LabVIEW 可以创建的项目
如图 2.6 所示。

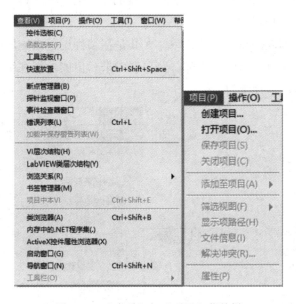

图 2.13　"查看"与"项目"菜单栏

图 2.14 中所示的"操作(O)"菜单中常用的命令有："运行(R)""停止(S)""单步步入(N)"
"单步步过(V)"。其中前两个命令的功能分别与图 2.11 中工具栏中的运行程序和终止程序
按钮的功能相同。

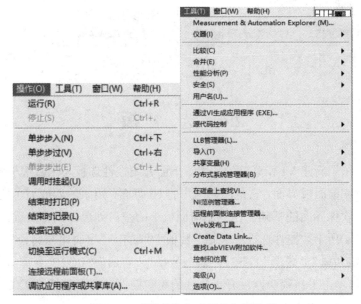

图 2.14　"操作"与"工具"菜单栏

图 2.14 中所示的"工具(T)"菜单栏中的命令"Measurement & Automation Explorer(M)..."主要用来添加仪表的地址。

图 2.15 中所示的"窗口(W)"菜单中常用的命令有"显示程序框图"或"显示前面板"，这是前面板菜单与程序框图菜单的区别。

图 2.15 中所示的"帮助(H)"菜单栏中常用的命令有"显示即时帮助(H)""查找范例(E)..."。帮助文件界面如图 2.7 所示。

正确使用菜单栏可以提高编程的效率，尤其是在编程过程中应能熟练地使用快捷键进行复制、粘贴、删除断点、撤销等操作。菜单栏中未写出的功能在编程与调试过程中并未使用，读者如有兴趣可自行学习。

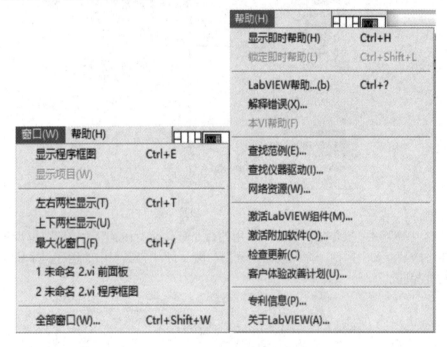

图 2.15　"窗口"与"帮助"菜单栏

2.4　选　　板

前面已经介绍了新建 VI 和菜单的功能，下面介绍控件选板与函数选板的使用方法。

控件选板对应前面板界面，它是面向用户的 UI 界面，用来输入或显示用户需要的数据或信息，是组成软件界面的基础。在 VI 前面板中的空白处单击鼠标右键，弹出"控件"选板，如图 2.16(a)所示。控件选板中包括"数值""布尔""字符串与路径""数组、矩阵与簇""列表、表格和树""图形""下拉列表与枚举""容器""I/O""变体与类""修饰"和"引用句柄"。可单击下拉箭头，展开折叠区的更多控件功能，包括"NXG 风格""银色""系统""经典"等，如图 2.16(b)所示。

(a)   (b)

图 2.16 控件选板

在图 2.13 所示的 VI 前面板菜单栏中单击"窗口(W)"→"显示程序框图",切换到程序框图界面。在程序框图界面的空白处单击鼠标右键,弹出"函数"选板,如图 2.17(a)所示。"函数"选板对应程序框图界面,是开发程序代码的容器。"函数"选板中包括:"结构""数组""簇、类与变体""数值""布尔""字符串""比较""定时""对话框与用户界面""文件 I/O""波形""应用程序控制""同步""图形与声音""报表生成"。单击下拉箭头,展开折叠区的更多函数功能,包括"测量 I/O""仪器 I/O""视觉与运动""数学""信号处理""数据通信""互连接口""控制和仿真""Express""附加工具包""收藏""用户库""选择 VI...",如图 2.17(b)所示。当然,LabVIEW 中的"函数"选板不只局限于这些函数。LabVIEW 是工具包形式的安装程序,如果用户购买和安装不同的工具包,则函数选板中的函数会略有不同。

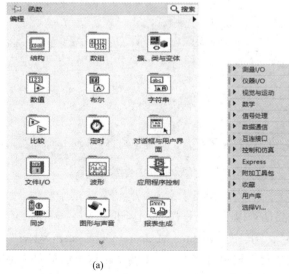

(a)   (b)

图 2.17 "函数"选板

用户可单击控件或者函数选板左上角的小图钉按钮,进入自定义界面,可设置用户习惯的显示方式。

LabVIEW 中还有一个工具选板，单击图 2.13 所示的菜单栏中的"查看"→"工具选板(T)"，即可弹出如图 2.18 所示的"工具"选板。"工具"选板包括"自动选择工具""操作值""定位/调整大小/选择""编辑文本""进行连线""对象快捷菜单""滚动窗口""设置/清除断点""探针数据""获取颜色""设置颜色"。LabVIEW 中的界面和控件是可以自定义的，因此"工具"选板一般用来美化 UI 界面和编辑自定义控件，例如改变输入控件和布尔按钮的颜色等。

图 2.18　"工具"选板

2.5　程序结构与子 VI

前面介绍的第一个 LabVIEW 程序只有一个 VI，大型程序或者天线测试系统程序一般需要许多个 VI 共同组成，这就引申出程序结构与子 VI 的概念。程序结构在菜单栏的"查看"→"VI 层次结构"中，对其单击后，弹出如图 2.19 所示的天线测试系统采集软件的 VI 层次结构图，其中包含主程序和许多子程序、子 VI、动态链接函数等。

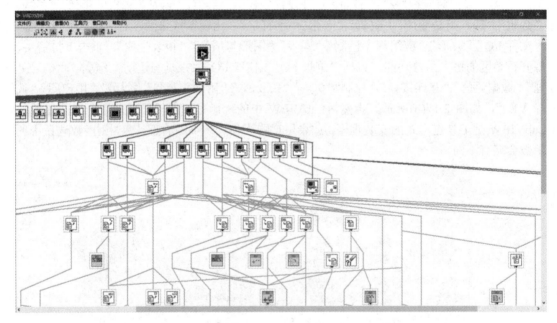

图 2.19　天线测试系统采集软件的 VI 层次结构图

子 VI 是大型程序中包含最多的 VI，相当于文本编程语言中的子函数。一个程序一般只包含一个主程序，剩下的全部是子程序，子程序就相当于子 VI，一个子 VI 也可以由另外多个子 VI 构成，如图 2.20 所示。其中"Antenna Measurement System V1.vi"就是主程序，其他 VI 都是子程序。一个子 VI 可以被另外多个子 VI 调用，这类似于 C++ 编程中的类的概念。子 VI 也是编写大型程序的基础，多个项目团队共同开发的大型程序在扩展和合并时，使用子 VI 能大大提高效率，因此需要熟练使用子 VI。

Antenna Measurement System V1.vi
Aquisiton all signal.vi
calcSweepTime.vi
Calling System Exec.vi
crack.vi
CreatArray.vi
FF Antenna Measurement System.vi
FFdataSave.vi
FFtestDisplay.vi
InitializePNA.vi
InitializePNA混频模式.vi
NF Antenna Measurement System fifo.vi
NF Antenna Measurement System.vi

图 2.20 主 VI 与子 VI

2.5.1 创建子 VI

子 VI 的编程过程和主 VI 是一样的，先建立空白的 VI，然后根据想要实现的功能进行编程，编程以后保存 VI，子 VI 的第一步就完成了。在调用子 VI 时需要给其传递值，或者子 VI 执行完以后有输出值，因此需要给子 VI 开通输入与输出接口。

例如，通过子 VI 实现求一个数的商与余数，前面板和程序框图如图 2.21 所示。新建一个 VI，保存为"商与余数.vi"。切换到程序框图，在程序框图中添加商与余数函数，位于"函数"选板中的"数值"→"商与余数函数"。该函数具有两个输入接线端子 x 与 y，两个输出接线端子 x-y*floor(x/y)与 floor(x/y)(分别代表 x 除以 y 的余数和商)。

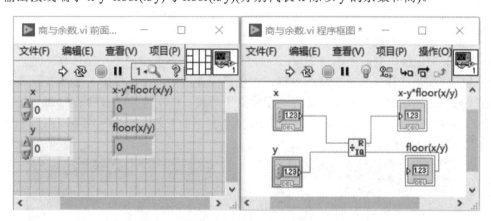

图 2.21 商与余数的前面板和程序框图

鼠标移动到函数后，函数会显示所有的接线端子，在 x 接线端子处单击鼠标右键→"创建"→"输入控件"，可以看到输入控件 x 被创建，可以用同样的方式创建 y 输入控件。在函数右侧的一个接线端子处单击鼠标右键→"创建"→"显示控件"，可以看到创建了一个显示控件 x-y*floor(x/y)，用同样的方式创建显示控件 floor(x/y)。此时，用鼠标双击任何一个控件就可以切换到前面板(双击控件类似于菜单栏的查看"显示前面板"功能)。使用鼠标拖动前面板与程序框图界面至合适的大小，如图 2.21 所示。

在图 2.21 所示的前面板菜单栏的右侧可以看到有两个图标，左侧白色格子样式的为该子 VI 定义的输入与输出接口，右侧仪表样式的为该子 VI 的图标。用鼠标右键单击输入与输出接口图标，弹出如图 2.22 所示的菜单。其中常用的菜单项有："添加接线端""删除接线端""模式""断开连接全部接线端""断开连接本接线端"。将鼠标移动到"模式"，展开接线端子的所有模式，可以定义 36 种接口模型。接口模型的个数也就是输入与输出端子的数量总和，子 VI 的输入与显示的全部数量不能超过 28 个接线端子。

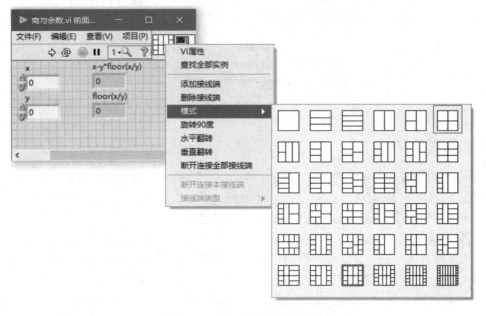

图 2.22　子 VI 的端子接口模型

"商与余数.vi"共有四个输入/输出端子，因此可以选择模式中的田字格。此时，前面板的子 VI 端子接口变成如图 2.23(a)所示。将鼠标移动到其中的一个空白格子处，鼠标提示连线变成线轴的样式。单击鼠标左键，白色格子变成黑色，再单击 x 输入控件，此时格子变成黄色，表示该输入控件与接线端子建立了连接。依次连接所有的输入/输出控件，如图 2.23(b)所示。单击图 2.23(b)所示的前面板菜单栏中的"文件(F)"→"保存 VI"。此时"商与余数.vi"子 VI 函数就编写完成了。

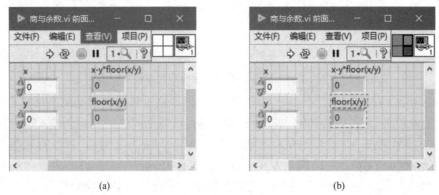

(a)　　　　　　　　　　　　　　　(b)

图 2.23　子 VI 的端子接口模型

2.5.2　调用子 VI

新建一个 VI，将其保存为"商与余数主 VI.vi"。在主 VI 的程序框图上单击鼠标右键，在弹出的"函数"选板中单击"选择 VI..."，弹出如图 2.24 所示的子 VI 文件浏览窗口，找到刚才保存的"商与余数.vi"子 VI，对其双击以后鼠标变成手的形状并抓住该子 VI，单击"商与余数主 VI.vi"的程序框图任意空白处，把子 VI 放置到程序框图中。

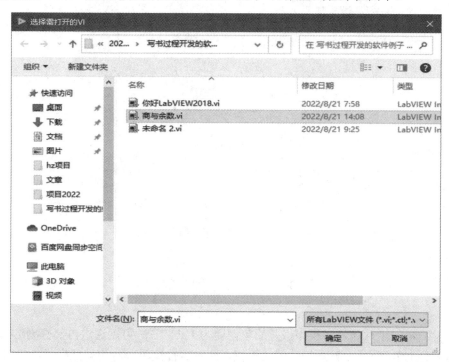

图 2.24　子 VI 文件浏览窗口

将鼠标移动到图 2.24 所示的子 VI 上，发现该子 VI 有同样的四个接线端子，端子名称正是我们刚才创建的。此时，依次在每个端子上创建输入与显示控件 x、y、x-y*floor(x/y)、floor(x/y)。用鼠标右键单击该子 VI 的图标，弹出其函数菜单，分别单击"显示项"→"接线端"，"显示项"→"标签"，调整前面板界面与程序框图界面的大小，并保存程序，如图 2.25 所示。

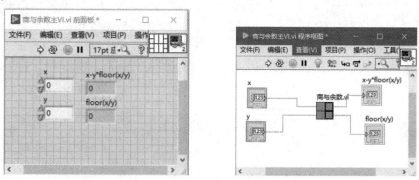

图 2.25　主 VI 调用子 VI 前面板与程序框图

在 x 输入框中输入 12，y 输入框中输入 5，单击前面板界面工具栏的按钮运行程序，运行结果如图 2.26 所示。程序运行正确，此时调用子 VI 的编程就完成了。

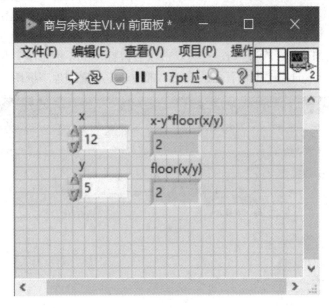

图 2.26　主 VI 调用子 VI 程序结果

2.6　运行与调试程序

LabVIEW 的运行与调试程序极其简单，因为 LabVIEW 可以通过内部机制自动判断程序的问题。例如，断开 x 输入控件的连接线，此时运行按钮显示为破裂样式，如图 2.27 所示。单击运行按钮，弹出"错误列表"提示对话框，如图 2.28 所示。错误列表中可以显示与定位程序的错误，这在大型程序编程中非常有用，重新连接 x 的接线后程序运行箭头恢复正常，此时即可运行程序。

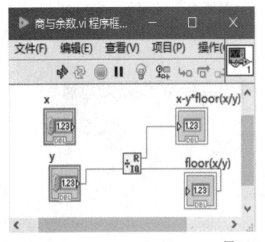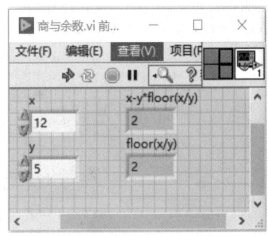

图 2.27　程序错误

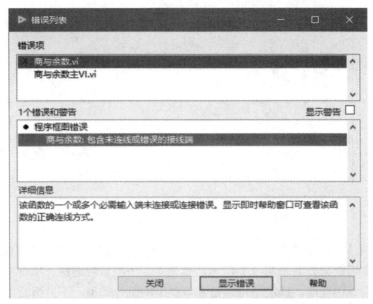

图 2.28 错误列表提示

图 2.27 程序框图界面的工具栏中还提供了加亮运行模式(灯泡图标)。加亮运行模式可以实时观察到数据流的节点以及数值，帮助用户查找定位程序 BUG，如图 2.29 所示。

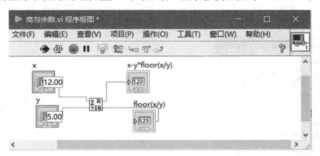

图 2.29 加亮运行

除此之外，调试程序还可以在连线节点处加探针。在程序流的节点处单击鼠标右键，在弹出的选项列表中选择"探针"，弹出如图 2.30 所示的探针监视窗口，当程序运行时，可实时观察某个节点的数据流结果。

图 2.30 探针监视窗口

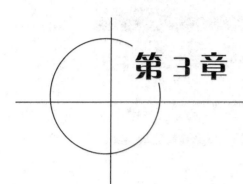

第 3 章

数 据 格 式

LabVIEW 中具有多种数据类型，每种数据类型在程序框图中显示的连线颜色不同，非常容易区分。常用数据类型如图 3.1 所示，数值类型为橙黄色连线，字符串类型为粉色连线，布尔类型为绿色连线。簇类型可以是其他类型的组合类型，不同组合的簇类型，其颜色也不同。例如，布尔和数值的组合类型，其颜色为粉色。路径类型为青蓝色连线，枚举类型为深蓝色连线，时间类型为棕色连线，引用类型为青蓝色细连线。此外，还有局部变量、全局变量和共享变量等，这些线的颜色只要添加到程序框图中连接一次就记住了。数据类型之间是可以相互转换的，在每种数据类型中都具有功能多样的转换函数供用户选择。

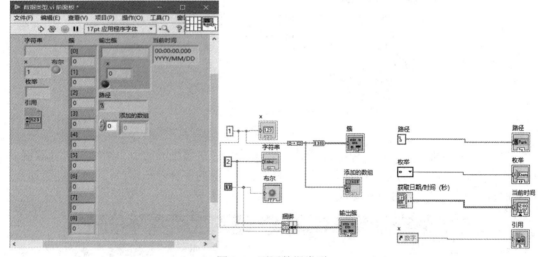

图 3.1　不同数据类型

3.1　数　值

数值类型在控件选板与函数选板的"数值"中，界面如图 3.2 所示。控件选板的数值控件一般用来编写 UI 界面，输入与显示用户的数据。而函数选板的数值控件一般用来编写程序框图代码，包括加减乘除、数值转换等，执行用户的需求。

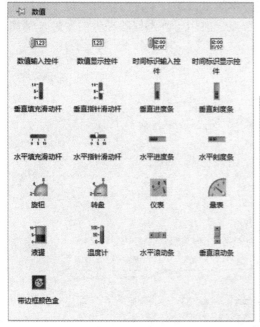

图 3.2　数值控件选板与数值函数选板

数值控件可表示不同的数据长度，在输入数值控件处单击鼠标右键，弹出菜单栏，选择属性，如图 3.3 所示。可对该控件的属性参数进行一些设置，如"可见""启用""禁用"等。其中标签是对该控件进行操作的标识符，相当于控件的指针。而标题是控件的名称，用于显示控件以便用户使用，另外，标签也可以用来显示 UI 界面。需要注意的是，修改标签的名称后，程序框图中所有与该控件相关的变量、引用、属性的名称都会被自动关联修改，用户可根据程序内容自行定义标签与标题的名称。

图 3.3　数值控件的属性——外观

提到了控件的属性，顺便也把属性节点的知识简单讲述一下。属性节点位于函数选板的应用程序控制界面中，如图 3.4 所示。属性节点一般用于静态修改控件的属性，例如，修改值、控件的颜色、控件可见与隐藏等属性。

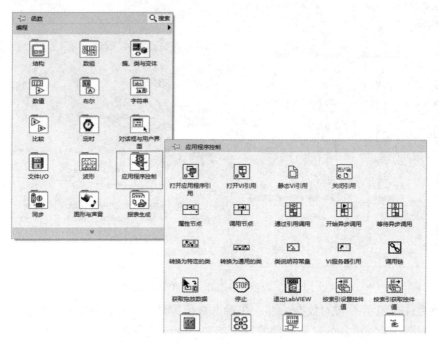

图 3.4　属性节点

属性节点也可以通过前面板的输入控件和程序框图的函数直接建立，鼠标右键单击控件，弹出快捷菜单，选择"创建"→"属性节点"，弹出属性节点的控制参数菜单，在菜单中可看到该函数的各种属性信息，如图 3.5 所示。用户可自行尝试调试每个功能，当然属性节点的创建有很多种方式，这种创建的方式较为简单明了。

图 3.5　通过控件找到属性节点

例如，通过属性节点修改控件的值。如图 3.6 所示，创建数值的属性节点，创建的数值属性节点的接线端子位于右侧，表示读取该数值控件的值。因此，需要切换成给控件输入值，也就是把接线端子转到左边去。在属性节点的"value"处单击鼠标右键，弹出快捷菜单，选择"转换为写入"，此时，变成给数值控件输入一个值。在接线端子处单击鼠标右键，在弹出的快捷菜单中选择"创建"→"常量"，即可创建一个数值常量，默认值为 0。修改常量值为 20，当然也可以输入其他值。切换到前面板，保存并运行程序，可以看到数值控件内的值已经变成 20，程序运行正确。此时，我们已经学会了通过属性节点修改控件的值了，控件的属性节点包含很多参数，可按照此方法自行调试验证。

图 3.6　通过控件找到属性节点

　　LabVIEW 中改变输入与输出的控件值的方法有许多种，不只有属性节点，还包括局部变量、全局变量、引用等。

　　数据类型的菜单中有 EXT(扩展精度)、DBL(双精度)、SGL(单精度)、FXP(浮点数)等不同的类型，如图 3.7 所示。与 C 语言类似，不同的数据类型在内存中表示的数据长度与精度是不同的。使用数值控件编程时，例如在编写商与余数的程序时，如果根据整除结果与余数判断是否整除，那么，浮点数在小数点后面的精度有时候是不定的，这和计算机在内存中存储字节的方式相关。例如，25 除以 4 可以算出余数为 1，那么 24 除以 6.00，在计算机中的计算结果可能是 4.000 000 000 000 000 001。这是笔者曾经遇到的问题，通过浮点数乘以 10 的幂，把浮点数变成整数后，再进行商与余数的运算，通过余数判断是否整除即可解决该问题。

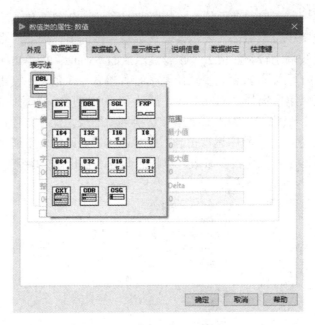

图 3.7　数值控件的属性——数据类型

　　数据输入菜单一般用来设置输入值的限位，超出输入值后将自动回到相邻的限位值，一般用来设置软件限位，可防止用户输入不合适的值导致程序运行崩溃，选项"对超出界限的值的响应"应选择"强制"，如图 3.8 所示。

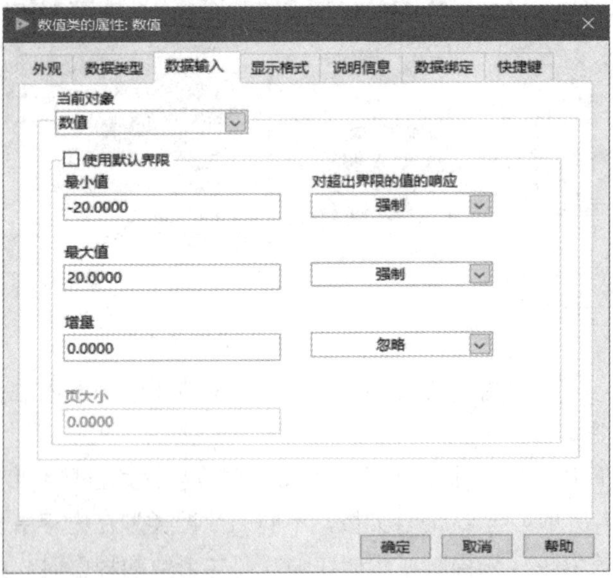

图 3.8　数值控件的属性——数据输入

　　显示格式菜单主要用来调整显示精度位数、显示方法等，如图 3.9 所示。属性节点中的"说明信息""数据绑定""快捷键"这三个菜单在编程中很少使用，快捷键是用来设置键盘的快捷键的功能，例如一个布尔按钮与键盘的 P 按键绑定，当用户在软件界面下按下键盘的 P 键时，就会执行布尔按钮下的程序内容。

图 3.9 数值控件的属性——显示格式

3.2 布 尔

布尔类型在控件选板与函数选板的"布尔"中，界面如图 3.10 所示。布尔一般用于对程序进行逻辑判断，控件选板中的控件一般用来作为程序的执行按钮，而函数选板中的与、或、非等函数功能和 C 语言中的一样，它们只是 LabVIEW 中的图形化表示。

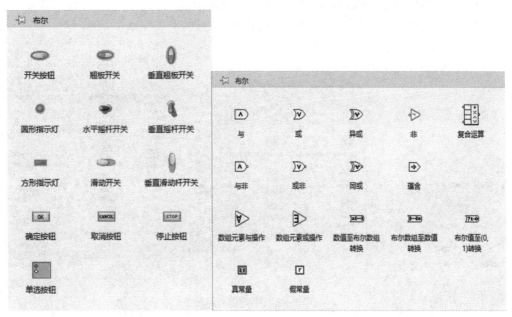

图 3.10 布尔控件与函数

布尔控件的属性在编程中应用较多的是外观和操作，如图 3.11 所示。外观是用来改变用户 UI 界面设计的整体风格的，例如，把按钮变成红色或者绿色，改变按钮文本的标签等。操作在事件结构中的应用比较多，是对按钮动作的响应。

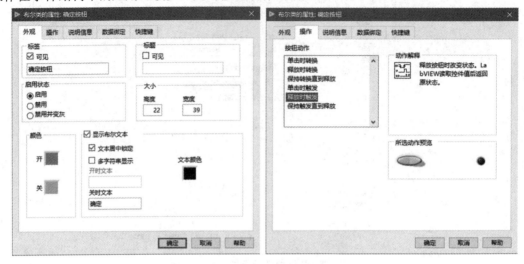

图 3.11　布尔控件的属性

3.3　字符串与路径

字符串类型与路径在编程中是最常被应用的，位于控件选板与函数选板的"字符串与路径"中，界面如图 3.12 所示。字符串与路径之间可以使用相应的函数进行相互转换，对字符串与路径都可以进行拆分、组合等操作，路径的函数中包含一些对文件的读写操作，用来设置文件路径，保存与载入用户的测试数据。

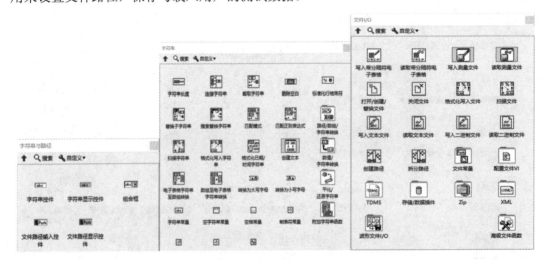

图 3.12　字符串与路径

在路径的编程中有一个关键问题需要注意，开发环境下的路径与生成可执行程序.exe的路径会有所不同，这就需要加入真实路径信息，如图 3.13 所示的程序框图。程序需要在当前程序目录下找到文件，通过读取当前 VI 路径下的字符串，搜索字符串函数，查找到路径中是否含有 .exe 的字符串，利用条件结构进行判断。没有直接拆分路径时，再创建新的路径，否则，需要拆分第一级路径后再拆分一级路径，创建新路径，才能找到正确的文件路径信息。

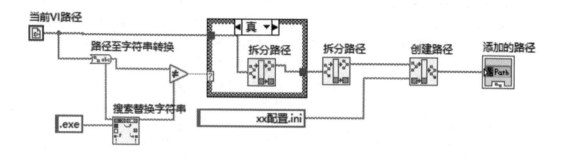

(a) 开发环境下的路径程序框图

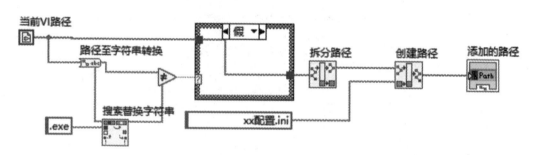

(b) 可执行环境下的路径程序框图

图 3.13　开发环境与可执行环境下的路径程序框图

当然，如果使用了文件路径浏览器，那么无论是在开发环境还是在 .exe 环境下都可以找到文件，而不需要加入路径二次拆分的程序代码。图 3.14 所示的是文件路径与写入电子表格函数的示意图。

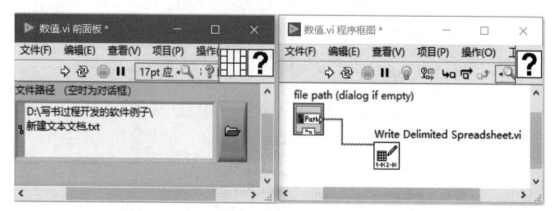

图 3.14　文件路径与写入电子表格函数

3.4 数 组

数组是一堆数据的组合，通常一排数据可理解成一维数组，多排数据可理解成二维数组，在多排数据的基础上加上多页的数据可以理解成三维数组。LabVIEW 中几乎所有的数据类型都可以组合成数组，数组就是数据的排列形式。数组函数位于程序框图中的函数选板的"编程"下的"数组"中，其中包含了对数组的所有操作函数，如图 3.15 所示。

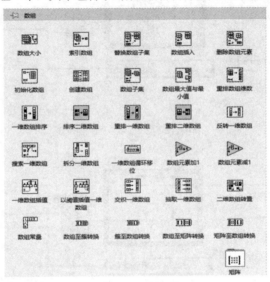

图 3.15 数组函数

用 for 循环可以很容易地生成一维数组，利用嵌套 for 循环可以生成多维数组。例如，使用随机数产生一个一维随机数组与布尔数组，利用数组翻转函数翻转数组，也可以利用创建数组函数创建数组，这就是数组的使用方法，其程序框图如图 3.16 所示。程序运行结果如图 3.17 所示。读者可自行调试所有的数组函数。

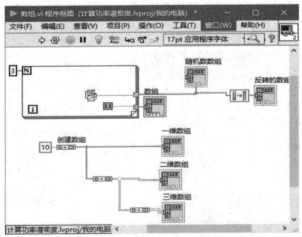

图 3.16 数组的使用——程序框图

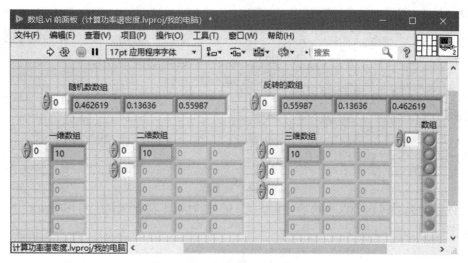

图 3.17　数组的使用——前面板

3.5　其他数据类型

LabVIEW 中除了以上介绍的常用数据类型外，还有簇、变体、时钟、局部变量与全局变量等数据类型。所有的数据类型都可以组合成数组，例如，数值数组、字符串数组、布尔数组等。数组的维数可以是一维到多维，数组函数选板中有很多可对数组进行处理的函数。簇类型是多种数据类型组合而成的新的数据类型，它可以是同种数据类型的组合也可以是多种不同种数据类型的组合，如图 3.18 所示。

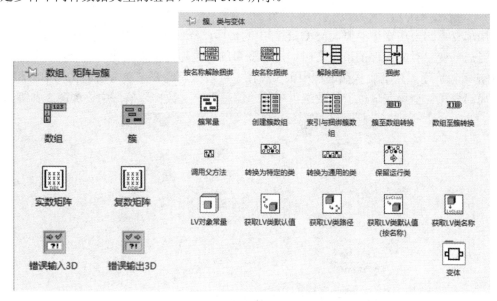

图 3.18　数组、矩阵与簇

利用簇中的捆绑函数可以把路径、数值、字符串、布尔捆绑成簇类型，如图 3.19 所示。也可以通过解除捆绑函数将簇类型拆分成对应的数据类型。

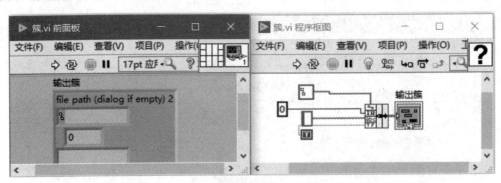

图 3.19 类型

时钟数据类型包含获取系统的时钟、定时、延时等，在调试和编写程序流程中使用较多，如图 3.20 所示。

图 3.20 定时函数选板

局部变量和全局变量的概念同 C 语言中的一样，局部变量只在当前 VI 的程序中起作用，当局部变量对应控件的值改变时，局部变量的值也随之自动改变，而全局变量在全部 VI 中都可以应用。共享变量在编程中很少使用，读者如有需要可参考帮助文档中的相关内容。局部变量、全局变量位于函数选板中的"编程"→"数据通信"中，如图 3.21 所示。

图 3.21 数据通信函数选板

局部变量的创建过程如图 3.22 所示，在控件上单击鼠标右键，弹出快捷菜单，单击"创建"→"局部变量"即可。

图 3.22　创建局部变量

　　全局变量的创建在程序框图中的"数据通信"函数模板中，用鼠标单击全局变量，在程序框图的空白处单击鼠标左键，即可将全局变量放置到程序框图中。刚放置到程序框图中时，全局变量并未和任何数据类型相关联。双击全局变量的图标弹出"全局 1 前面板"，在前面板中加入数值、字符串、布尔三种输入控件，如图 3.23 所示。单击 VI 菜单栏中的"文件(F)"→"保存"，把该全局变量保存到与主程序 VI 共同的目录下。全局变量也是一个后缀为 .vi 的程序，需要注意的是，全局变量是没有程序框图的。保存以后，单击程序框图中全局变量的图标，此时可看到布尔、数值、字符串三个参数，选择布尔后，全局变量的图标变成布尔，如图 3.23 所示。这就创建了一个布尔类型的全局变量，此时可以选中该布尔全局变量，同时按住 Ctrl 键，拖动鼠标，这样就快速复制了一个全局变量，如图 3.24 所示。用鼠标单击该局部变量，可以看到局部变量关联的数据，单击进行关联即可。LabVIEW 复制程序可以按住快捷键 Ctrl + C，也可以使用拖动的方式复制，局部变量复制时，建议用拖动复制的方法，否则会把局部变量相关联的控件同时复制。

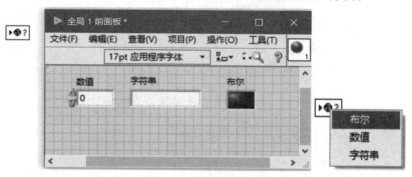

图 3.23　创建全局变量

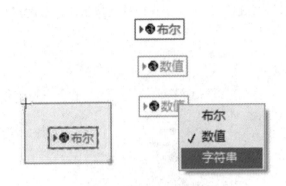

图 3.24 复制全局变量

3.6 错误输入与输出

错误处理函数是 LabVIEW 中很经典的函数，在数据通信与仪器控制中经常用到，位于函数选板中的"编程"→"对话框与用户界面"中，如图 3.25 所示。LabVIEW 具有简单错误处理器与通用错误处理器，错误输出可以被合并，错误信息的数据是簇类型，可以连接到条件结构，在错误分支中添加单按钮对话框，提示用户的错误问题。例如，当给仪表发送控制协议时，若仪表不存在或者为关机的状态，就会产生错误的通信信息，此时需要对错误进行处理。如图 3.26 所示，给仪表发送了 *CLS 的通信命令，错误输出的信息连接到条件结构进行处理，如果错误则弹出消息对话框，提示用户"仪表未连接"。

图 3.25 错误处理函数

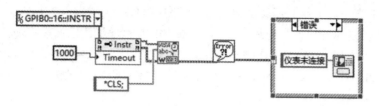

图 3.26 错误数据流的应用

3.7 MATLAB 数据接口

LabVIEW 具有一个特别强大的混合编程的功能：调用 MATLAB 的脚本函数，可通过调用来使用 MATLAB 的函数工具包。MATLAB 脚本节点位于程序框图中的"编程"→"数学"→"脚本与公式"→"脚本节点"中，如图 3.27 所示。

图 3.27 MATLAB 脚本

新建一个 VI，添加 MATLAB 脚本到程序框图，在脚本的左侧边框上单击鼠标右键，弹出属性菜单，单击"添加输入"，可以在边框上看到橙色的数值框，在数值框中输入要传入 MATLAB 内部计算的变量名称。在名称框上单击鼠标右键，在弹出的菜单选项中选中"选择数据类型"，这时可以看到 LabVIEW 可传递给 MATLAB 的全部数据类型，如图 3.28 所示。这些数据类型有：Real(实数)、Complex(复数)、1-D Array of Real(一维实数数组)、1-D Array of Complex(一维复数数组)、2-D Array of Real(二维实数数组)、2-D Array of Complex(二维复数数组)、String(字符串)、Path(路径)，共八种数据类型。

图 3.28 MATLAB 脚本的输入类型接口

MATLAB 脚本的工作原理就是利用 MATLAB 软件强大的数据工具包的计算与仿真能力,计算复杂的运算程序。另外还可以缩小 LabVIEW 程序框图的面积,使其可视化更好,将需要计算的数据传入 MATLAB 脚本中计算,计算完成后,将结果输出给 LabVIEW 程序,以便执行后面的动作。如图 3.29 所示,程序通过调用 MATLAB 脚本,计算 x 与 y 两个数值的和与差。

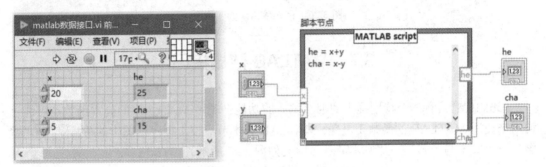

图 3.29 MATLAB 脚本函数简单程序

需要注意的是,在运行程序时,运行 LabVIEW 的计算机还需要安装有 MATLAB 开发环境,并且,在运行时会打开 MATLAB Command Window 窗口,如图 3.30 所示。在程序的使用过程中不要关闭该窗口,否则会出现运行错误。

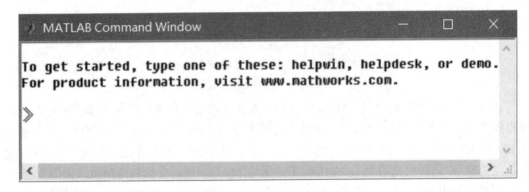

图 3.30 MATLAB Command Window 窗口

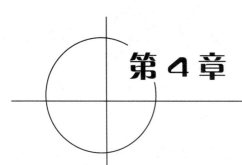

第 4 章

循环与事件结构

循环与事件结构是 LabVIEW 的精髓所在，LabVIEW 是通过自动分配多线程而运行的。与 C 语言不同，LabVIEW 用户不用考虑程序运行过程中如何分配线程的问题。例如，LabVIEW 在同时运行多个 while 循环时，不需要提前分配线程的逻辑关系。循环与事件结构的函数位于程序框图函数选板中的"函数"→"编程"→"结构"中，如图 4.1 所示。该函数模板中包含"for 循环""while 循环""定时结构""条件结构""事件结构""元素同址操作结构""平铺式顺序结构""公式节点""程序框图禁用结构""条件禁用结构""类型专用结构""共享变量""局部变量""全局变量""修饰""反馈节点"。其中应用较多的是"for 循环""while 循环""条件结构""事件结构"。"局部变量""全局变量"与上文中的其他数据类型中的局部变量和全局变量是相同的。

图 4.1　结构函数选板

4.1 循　　环

循环包括 for 循环、while 循环和定时循环，这些是编写程序流程最常用的循环结构。

4.1.1　for 循环

在程序框图窗口用鼠标单击函数选板中的 for 循环，此时鼠标变成虚框的样式，虚框的左上角显示 N，左下角显示 i。此时用鼠标左键单击程序框图的空白处，按住鼠标左键不放，拖动鼠标即可看到 for 循环需要占用的程序框图范围，松开鼠标左键，for 循环添加完成。for 循环需要有一个终止条件 N，表示循环的次数，鼠标右键单击 N 的接线端子，在弹出的菜单中选择"创建常量"，在弹出的"数值常量"输入框中输入循环的次数。在循环的过程中，每循环一次，for 循环的 i 值就会增加 1，直到循环完成。如图 4.2 所示，执行了三次 for 循环。

图 4.2　for 循环

可以使用鼠标将 for 循环的 i 值连接到 for 循环的右侧边框处，并且创建显示控件"数组"，如图 4.3 所示。单击运行程序(右向箭头)按钮，可以看到数组中 i 的值从 0 开始到 4 结束，因此共执行了五次循环。

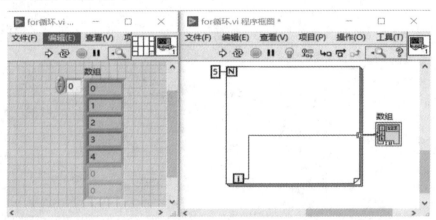

图 4.3　创建显示控件"数组"

穿越循环内外的连线被称为隧道，将鼠标移动到连接节点的位置，单击右键，可以看到隧道的菜单，如图 4.4 所示。在设置隧道的模式中，最终值是保留循环后的 i 值，本次循环最终值为 4。所有的 i 值组成了索引数组。另外，还可以将隧道替换为移位寄存器，如图 4.5 所示。此时可以看到在循环的左侧与右侧的边缘同时出现了可以连接的节点，创建显示控件后运行程序，可以看到左侧的值是上次右侧的输出值，这类似于 C 语言的寄存器的概念，一般用于替代循环数组，移位寄存器在 while 循环中同样适用。

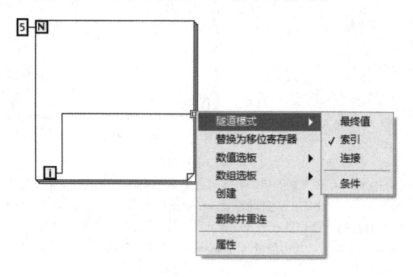

图 4.4　隧道模式

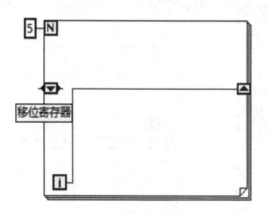

图 4.5　移位寄存器

4.1.2　while 循环

　　while 循环与 for 循环添加到程序框图的过程是相同的，while 循环包含两个参数，一个是终止循环的条件，另一个是循环次数"i"，如图 4.6 所示的蓝色方框中的"i"。循环条件是布尔变量，当其为 "真"时结束循环。在绿色的布尔接线端单击鼠标右键创建输入控件，可以看到创建了一个"停止"按钮，双击该按钮切换到前面板，可以看到用户的输入按钮，如图 4.6 所示。

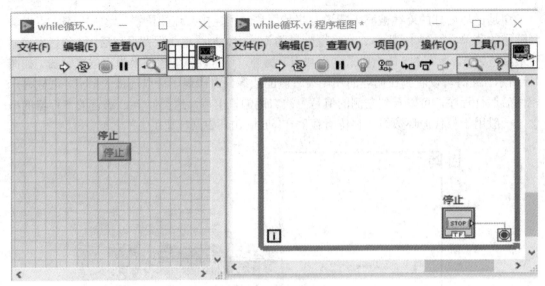

图 4.6　while 循环

多线程 while 循环如图 4.7 所示，可同时分配多个循环一同运行，循环结束的条件为单击前面板的停止按钮。LabVIEW 自动设置 while 循环的线程，并为其分配计算机的内存空间，互相之间没有影响，该功能在数据采集与数据显示时尤为重要。例如，开辟一个 while 循环进行数据的实时采集，开辟另外一个循环，进行数据的实时显示与绘图工作，采集的数据可以通过属性节点、引用、全局变量、局部变量互相传递。

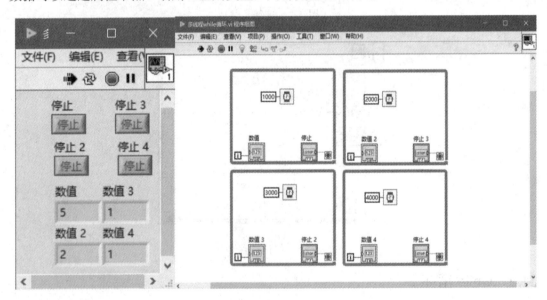

图 4.7　多线程 while 循环

4.1.3　定时循环

定时循环是在 while 循环的基础上加上了时间延时，通过布尔按钮停止循环，如图 4.8 所示。

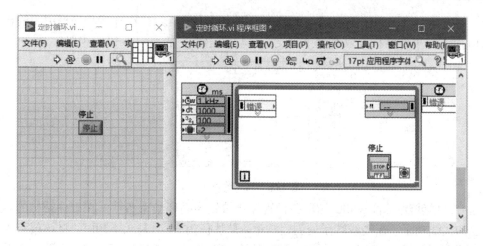

图 4.8　定时循环

通过鼠标右键可以设置定时循环的属性，见图 4.9 所示。由于定时循环具有局限性，笔者在编程过程中很少使用，一般采用 while 循环与定时架构中的等待时间配合使用进行循环的时间控制。另外，如果不是对循环时间要求极其严格和高效的话，建议在循环之间加上等待时间延迟，这样可以避免大量占用计算机 CPU，浪费计算机系统资源。

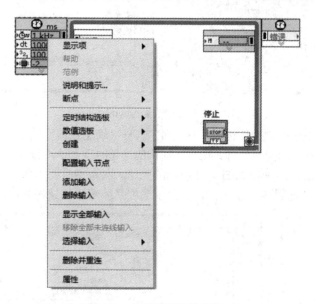

图 4.9　定时循环参数设置

4.2　事件结构

4.2.1　事件结构与 while 循环

笔者认为事件结构是 LabVIEW 中最核心的函数，可以与 while 循环一起组成用户需要的事件触发机制。例如，可以将一个按钮的动作编写在事件结构中。将事件结构添加到程序框图中的方法与将 while 循环添加到程序框图中的方法一致，添加到程序框图中的样式如图 4.10 所示。事件结构可以有多个分支，这与 C 语言中的 switch 语句相似。

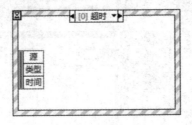

图 4.10　事件结构

在超时外面创建一个 while 循环并设置停止按钮为循环结束条件，在事件结构的右上角有蓝色的接线端子，在接线端子处创建常量，默认值为 −1 时是永不超时，将该值修改为 100，就是设定了超时循环时间为 100 ms，即每间隔 100 ms while 循环一次。在数值选板中选择"随机数"函数，并将其放置于事件结构内，同时创建显示控件"数字(0-1)"。单击运行程序，可以看到每隔 100 ms 程序循环一次，随机数更新一个新的数值，如图 4.11 所示。

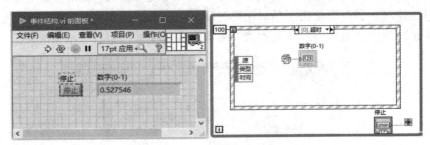

图 4.11　事件结构与 while 循环

此时单击前面板中的"控件选板"→"布尔"→"确定按钮"创建一个布尔按钮，双击该按钮可切换到程序框图的按钮位置。在事件结构的"超时"上单击鼠标右键，在弹出的菜单中选择"添加事件分支..."，弹出如图 4.12 所示的菜单。菜单中有"编辑本分支所处理的事件..." "添加事件分支..." "复制事件分支..."，这三个选项是编辑事件结构时经常会用到的操作。

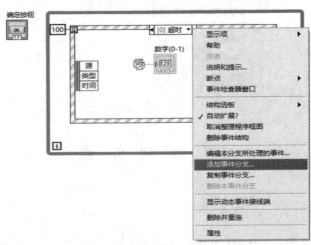

图 4.12　事件结构与 while 循环

本分支已经处理了超时事件，因此，单击"添加事件分支"，弹出如图 4.13 所示的界面，此时，事件分支中可以看到有两个事件，其中"[1]"事件是新添加的事件，还没有进行事件触发的关联。

图 4.13 编辑事件

在图 4.13 所示的"事件源"窗口中有"应用程序""本 VI""窗格""控件"，单击鼠标对其进行选择，可以在右侧的"事件"窗口中看到与所选事件源相对应的事件触发形式。单击"事件源"窗口中的"确定"按钮，在"事件"窗口中选择"值改变"，可以看到该按钮的值改变动作与事件结构已经相关联，如图 4.14 所示。在图 4.14 左侧可以看到"添加事件"与"删除"两个按钮，可以为一个事件添加多个事件触发，每个事件动作都可以执行该事件结构中的程序代码。另外可以看到"锁定前面板(延迟处理前面板的用户操作)直至事件分支完成"与"限制事件队列中该事件的最大实例数"这两个选择框，"锁定前面板(延迟处理前面板的用户操作)直至事件分支完成"被勾选后，在前面板单击一个事件动作，此时前面板的所有动作被全部锁定，直到该事件动作执行完成后才能被激活。这种处理方式有好处也有坏处，例如，一个程序在执行过程中是不能被中断的，那么可以选择锁定；若程序在执行过程中还要进行如数据存储或显示等其他操作，那么不要勾选该选择框，否则程序无法响应事件。"限制事件队列中该事件的最大实例数"是限制事件结构可编辑响应的事件数量，一般不做限制，但是，不建议编程者将所有程序都放在一个事件结构中，而是可以创建多个事件结构，将程序代码分类。单击"确定"按钮，事件结构编写完成。

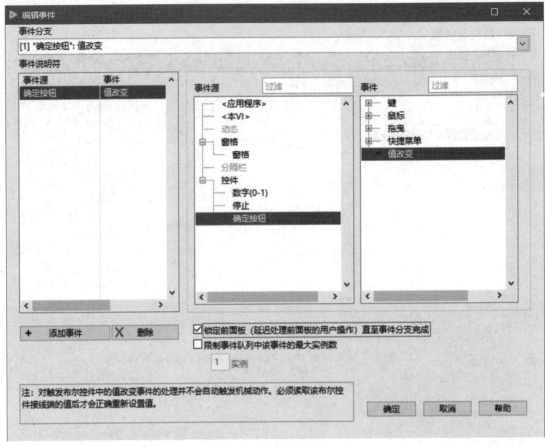

图 4.14 确定按钮事件

在事件结构中的空白处单击鼠标右键，在弹出的函数选板中选择"编程"→"对话框与用户界面"→"双对话框按钮"放置到程序框图中，在消息接线端子处创建"常量"，输入"确定按钮事件响应"，如图 4.15 所示。此时，切换到前面板界面，单击运行程序。

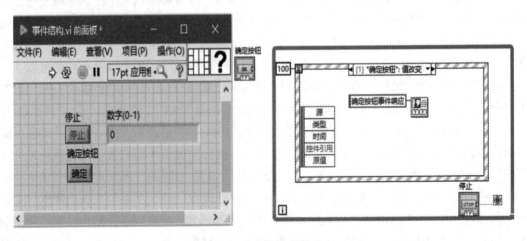

图 4.15 确定按钮事件响应

程序运行后，可以看到随机数的值每间隔 100 ms 变换一次。单击"确定"按钮，弹出消息对话框，显示"确定按钮事件响应"，表示程序执行了确定按钮值改变的事件。在鼠标被按下再抬起的过程中，确定按钮的布尔值由 0 切换到 1，触发了事件结构的值改变事件，因此弹出了消息对话框显示给用户。如图 4.16 所示。

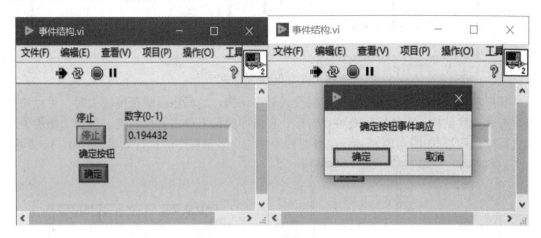

图 4.16　运行确定按钮事件响应

4.2.2　条件结构、顺序结构与程序框图禁用结构

条件结构用来根据输入的值选择执行相应的程序，条件结构可以输入枚举、选项卡控件、错误输出、数值等多种数据格式，类似于 C 语言的 case 语句，如图 4.17 所示。

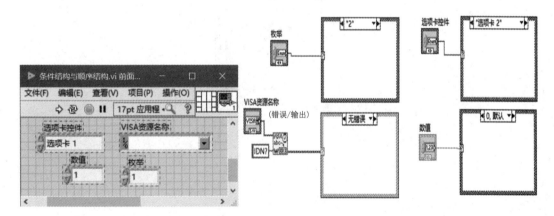

图 4.17　条件结构

顺序结构用来强制执行程序代码的顺序，例如，在条件结构为真时，执行消息对话框显示"顺序结构"。在等待 5000 ms 后，执行读取系统时间函数并显示给用户，其程序框图如图 4.18 所示。其中 5000 ms 的等待时间用程序框图禁用以后，执行完"顺序结构"的消息对话框，不执行等待时间，直接执行了"当前时间"函数，读者可自行调试对比。在图 4.18 中，若没有顺序结构的限制，软件运行后，会自动执行程序线程，弹出消息对话框，"顺序结构"与"获取系统时间"同时执行。

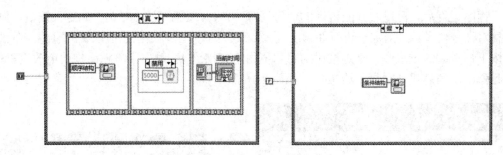

图 4.18　顺序结构的执行

　　顺序结构分为平铺式顺序结构与层叠式顺序结构，当程序框图范围较大时，可以切换到层叠式顺序结构，方便编程及可视工作。在顺序结构上单击鼠标右键，选择"替换为层叠式顺序结构"，如图 4.19 所示。层叠式顺序结构会显示程序的执行顺序编号 0、1、2 等。

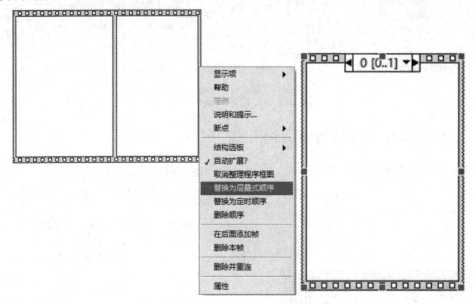

图 4.19　平铺式顺序结构与层叠式顺序结构

第 5 章

文件 I/O

文件 I/O 是处理程序文件与计算机中的文件的接口，包含对文件的读写、删除、复制等操作。在天线测试系统软件中一般用到的是读文本文件、写文本文件。文件 I/O 函数位于函数选板中的"编程"→"文件 I/O"中，通过函数的名称即可知道函数的意义，如图 5.1 所示。

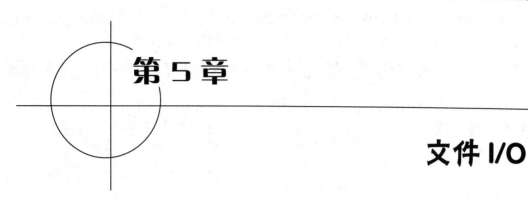

图 5.1 文件 I/O 中的函数

5.1 写入与读取电子表格数据文件

文件 I/O 中具有 LabVIEW 进行封装以后的读写文本文件 .txt 格式的函数，该函数可以写入带分隔符电子表格函数与读取带分隔符电子表格函数。单击写入带分隔符电子表格函数，并将其添加到程序框图中，双击该函数可以打开该函数的前面板，如图 5.2 所示。可以看出这个函数其实就是一个子 VI，单击前面板菜单栏中的"窗口(W)"→"显示程序框图"，弹出如图 5.3 所示的界面。用户可以根据需要在该子 VI 上自定义修改，当然，不建议新手修改，否则容易引起程序错误，而且这种错误很难被查找出来。

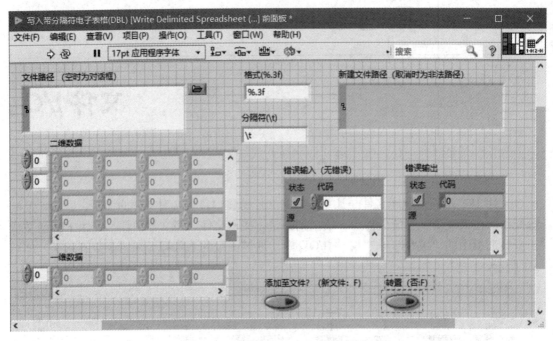

图 5.2　写入带分隔符电子表格前面板

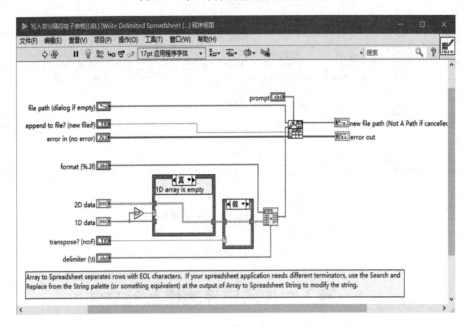

图 5.3　写入带分隔符电子表格程序框图

使用写入与读取电子表格数据文件这两个函数，将"你好 2018"写入指定目录下的文本文件中，写入完成后，读取该文件并显示。这个程序需要先写入再读取，因此需要使用顺序结构来限制写入与读取的顺序。由于 LabVIEW 具有多线程，因此，如果没有顺序结构，则写入文件与读取文件同时运行，会引起文件冲突，导致读取的文本内容出现错误。例如，在正在写入的过程中进行了读取文件的操作，那么，读取的内容可能是残缺不全的，这点需要注意。创建一个顺序结构，同时添加一个顺序，在前面的结构框中放置写入文件，后面的结构框中放置读取文件，如图 5.4 所示。当然若写入的文件内容较多，写入的过程需要花费较多时间，可以在两个程序顺序结构框图的中间增加一个顺序结构框，用来添加等待时间延时。

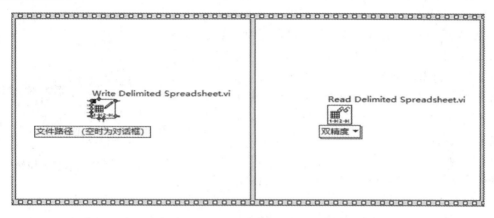

图 5.4 写入与读取文件

在两个函数上分别单击鼠标右键，在弹出的菜单中去掉"显示为图标"的勾选，可以看到该函数的接线端子。在双下拉箭头处向下拖动鼠标，展开所有的接线端子，可看到该函数子 VI 的全部接线端子的名称，如图 5.5 所示。这样做的优点是方便连线与可视化，缺点是会占用大量程序框图的面积，但是，在子 VI 使用 28 接线端子时，这样显示的优势就很明显了，很方便地就可以找到需要连线的接线端子。

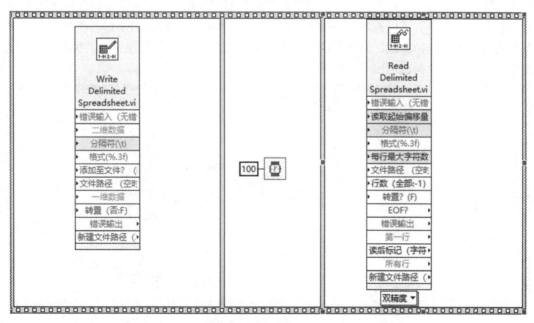

图 5.5 去掉"显示为图标"的勾选后展开所有接线端子

用鼠标右键单击"文件路径"的接线端子，弹出快捷菜单，单击"创建"→"输入控件"，如图 5.6 所示。

写入文件子 VI 需要创建文件路径与数据，"你好 LabVIEW 2018"是单个字符串格式的，写入数据的接线端子有"一维数组"与"二维数组"两种数据格式，因此，需要用到数组中的函数"创建数组"，该函数位于"函数"选板中的"编程"→"数组"→"创建数组"中。将写入文件子 VI 放置到程序框图中，单击"函数"选板中的"编程"→"字符串"→"字符串常量"，将字符串常量函数放置到程序框图中，在字符串常量中输入"你好 LabVIEW 2018"，这就是要写入文本的数据。将字符串连接至创建数组的输入端，将创建数组函数的输出端连接至"一维数组"，此时可以惊奇地发现"一维数组"的数据格式由橙色的实数格式变成了字符类型的粉色格式，这是 LabVIEW 自动匹配了数据类型的结果。

图 5.6　创建文件输入控件

至此，写入数据就编辑完成了。其他的接线端子如"二维数据"是二维格式的数据输入；错误输入与错误输出节点在错误处理函数中使用，可以判断运行的出错情况；"分隔符\t"是写入数据的分隔符，如写入多个数据之间的分隔符；"格式%"是数据的格式，"s%"是字符串，"f%"是实数，默认是"s%"；"添加至文件"是在原有的文件中继续添加写入；"转置"是在写入时对数组进行的操作；"新建文件路径"是写入文件的路径。

"读取带分隔符电子表格"的函数同样需要创建"文件路径"输入控件，或者把"写入带分隔符电子表格"的文件路径控件创建一个局部变量连接到"文件路径"的接线端子，在函数图标的最下方可以看到枚举类型"双精度"，单击"打开"，切换到"字符串"，在所有行的端子单击鼠标右键，创建"显示控件"，即创建了一个二维数组，该数组将读取的文本文件中的所有数据显示出来，如图 5.7 所示。

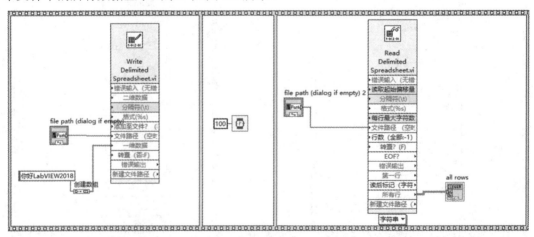

图 5.7　创建文件输入控件

此时，可以通过双击任意输入控件切换至前面板，也可以通过单击工具栏上的"窗口"→"显示前面板"切换至前面板。由此可以看到文件路径的输入对话框与所有行控件，在文件路径的输入对话框的右侧有个金色的文件夹按钮，单击打开 Windows 文件浏览器对话框，选择需要保存的文本文件路径和名称，也可以在空白处单击鼠标右键创建新的文本文件并选中。两个文件对话框选中同一个文件，一个是写入文件，另一个是读取文件。运行程序后，打开文本文件，发现已经成功写入到文件中，如图 5.8 所示。程序的前面板的所有行中显示了读取的文本"你好 LabVIEW 2018"，如图 5.9 所示。

图 5.8　写入文本文件

图 5.9　运行程序的结果

5.2　写入与读取文本文件

写入与读取文本文件的函数是 5.1 节中介绍的一个子函数，也是单个函数，写入与读取文本文件函数的程序框图如图 5.10 所示，运行结果与 5.1 节中介绍的一样。其区别是写入与读取文本文件每次只能读一个光标的位置，也就是只能操作单行字符；而"读取带分隔符电子表格"与"写入带分隔符电子表格"可以对数组进行操作，可以是字符数组、整型数组或双精度数组。

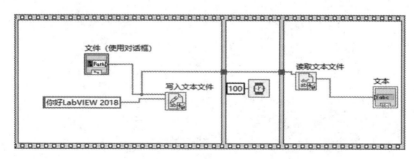

图 5.10　写入与读取文本文件函数程序框图

5.3 文件的路径设置

文件的路径设置有很多函数，常用的有"拆分路径"与"创建路径"。使用"当前 VI 路径"函数找到当前的 VI 路径，在文件名前加上"LabVIEW"，如图 5.11 与图 5.12 所示。程序框图中使用了字符串连接函数，该函数在"函数"选板中的"字符串"→"连接字符串"中。从运行结果可以看出，已经修改了"文件 IO.vi"的路径为"LabVIEW 文件 IO.vi"。其实质是用原来的文件路径生成了一个新的路径，但并未改变原来文件的位置，这个新路径的作用是在某些情况下需要改变用户输入文件的文件名或者文件格式的后缀名称，这样就用到了这个函数。

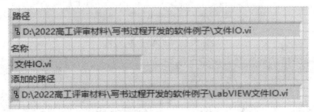

图 5.11 拆分与创建新路径——前面板

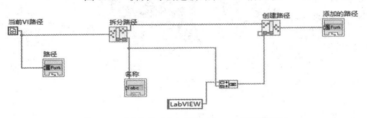

图 5.12 拆分与创建新路径——程序框图

文件 I/O 的高级文件函数中还有一些对文件的操作，如图 5.13 所示。在天线测试系统软件编写中常用到的是"检查文件或文件夹是否存在"，其他的函数功能读者可以自行调试与验证。

图 5.13 高级文件函数

5.4 配 置 文 件

配置文件的作用一般是保存系统的软件配置参数，软件的配置参数是指软件界面用到的所有控件的值、路径、属性等信息，单击函数选板中的"编程"→"文件 I/O" →"配置文件 VI"，可以看到配置文件中的所有函数，如图 5.14 所示。

图 5.14　配置文件 VI

5.4.1　写配置文件

写配置文件一般用来保存配置文件的数据，保存格式是*.ini 格式。需要打开配置数据函数、写入键、关闭配置数据三个函数，保存路径到配置文件中，如图 5.15 所示。写配置文件时使用到了文件 I/O 中的检查文件或文件夹是否存在函数、条件结构、删除文件，在写入键函数中的两个输入接线端子中需要设置段值与键值，写入以后要关闭配置数据。程序前面板如图 5.16 所示，写配置文件的结果如图 5.17 所示。

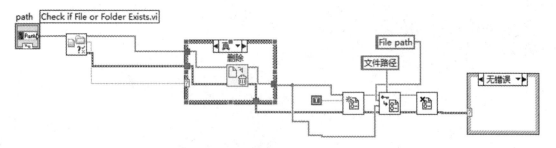

图 5.15　写配置文件程序框图

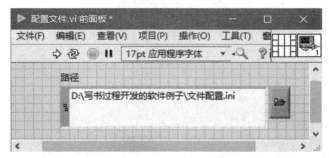

图 5.16　写配置文件——前面板

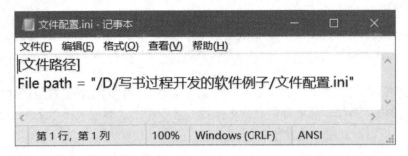

图 5.17　写配置文件的结果

5.4.2　读配置文件

读配置文件需要用到的函数有：打开配置数据函数、读取键、关闭配置数据。将刚才保存的文件路径配置读回到软件中，如图 5.18 所示。其中读取的文件路径可以通过变量的形式赋值给系统软件界面的相关控件的参数，这样就可以把软件的配置参数导入软件。因为 LabVIEW 所有控件的参数都有默认值，每次新打开的软件都需要重新输入新的值进行操作，所以，在软件打开的过程中可以使用读取配置文件导入软件的界面配置参数，方便参数的设置。

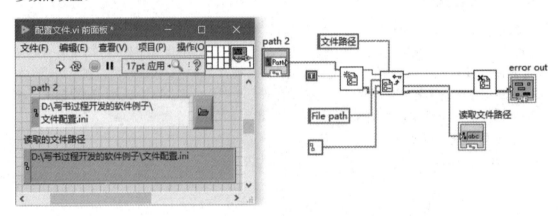

图 5.18　读配置文件的结果

第6章

画图与显示

画图与显示的函数控件在前面板中的"图形"中(如图 6.1 所示)，包括波形图表、XY 图、Express XY 图、强度图等，使用较多的是 Express XY 图与强度图，主要用于采集数据的实时显示绘图工作。

图 6.1　画图与显示的函数控件

6.1　Express XY 图

新建一个 VI，在前面板控件选板中选择 Express XY 图控件放置到前面板上，如图 6.2 所示。双击绘图控件的边缘切换到程序框图，可以看到 Express XY 图的输入端子，包括 X 输入与 Y 输入。X 与 Y 的输入一般为数值数组，X 是画在图中的 X 坐标轴上的数据，为图中的时间，Y 是画在 Y 轴的坐标轴上的数据，为图中的幅值。每个 X 的数据点与 Y 的数据点一一对应，可以理解成在图上的 X 轴与 Y 轴相当于 XY 的直角坐标系，每个数据点对应一个 X 坐标与 Y 坐标。XY 输入可以是一维数组或者二维数组，二维数组以每行为一个数据曲线，X 与 Y 的二维数组中相对应的每个行的数据点的长度要一致，也就是数组长度。

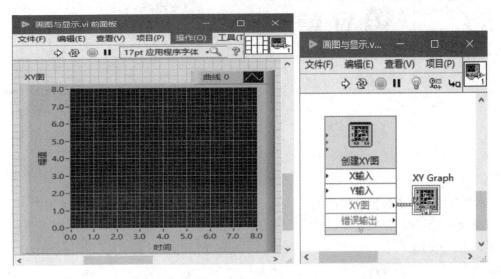

图 6.2　Express XY 图

在 Express XY 图的控件上单击鼠标右键，选择"属性"，弹出如图 6.3 所示的 Express XY 图属性外观，可设置 Express XY 图的外观、显示格式、曲线和标尺等，如图 6.3～图 6.6 所示。这些是在编程中经常用到的。外观中可以设置标签、标题、启用状态及显示的一些控件功能，显示图形工具选板、显示水平滚动条等；图形工具选板中可对绘图进行放大、缩小、移动等；显示游标图例还能在绘图上标记 MARK 点游标，获取曲线上的 XY 值。

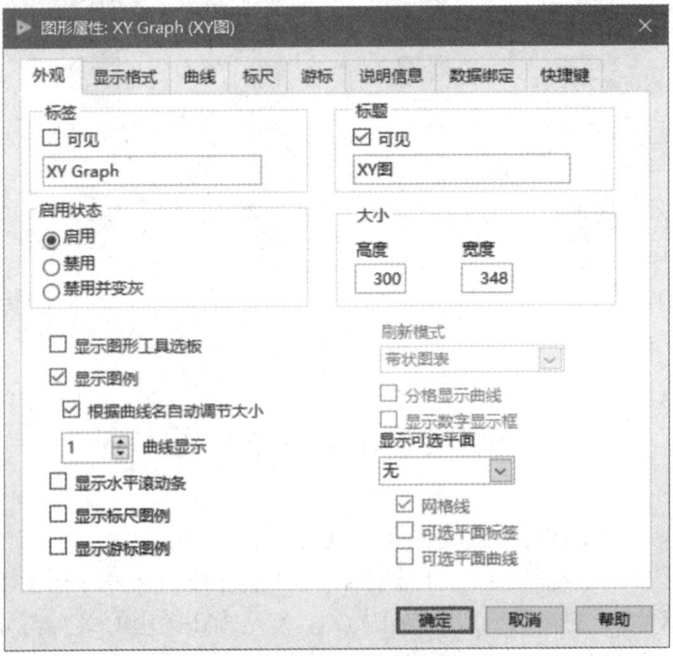

图 6.3　Express XY 图属性——外观

在显示格式的菜单中可以设置 X 轴与 Y 轴的坐标刻度数据显示精度，以及数据的精度类型，如图 6.4 所示。

图 6.4　Express XY 图属性——显示格式

　　在曲线的菜单中可以设置曲线的颜色、样式、粗细等，如图 6.5 所示。另外还可以设置 X 标尺与 Y 标尺的名称。例如，设置 X 标尺为"角度(deg)"。

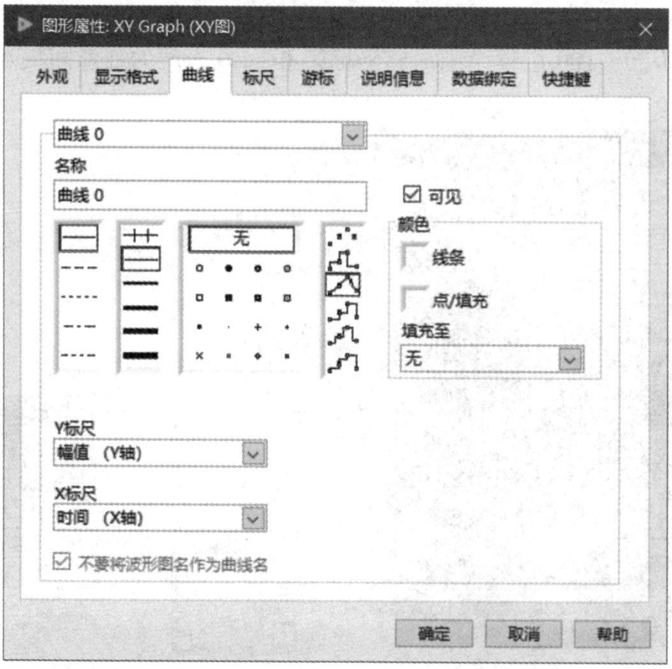

图 6.5　Express XY 图属性——曲线

在标尺菜单中可以设置 X 轴与 Y 轴的显示标尺标签、对数、刻度样式与颜色、网格样式与颜色等，如图 6.6 所示。

图 6.6　Express XY 图属性——标尺

利用数值选板中的随机数，随机生成 101 个数据，使用 XY 图画出来，如图 6.7 所示。创建一个 for 循环，设置循环次数为 101 次，使用 "i" 作为循环输出的 X 值连接到 X 输入，随机数连接到 Y 输入，程序会自动匹配连线格式，形成图中的转换图标。单击运行该程序，可以看到 X 坐标从 0～100 进行绘制，Y 坐标为 0～1.0 之间的任意随机数，两个数组的长度都是 101 个。

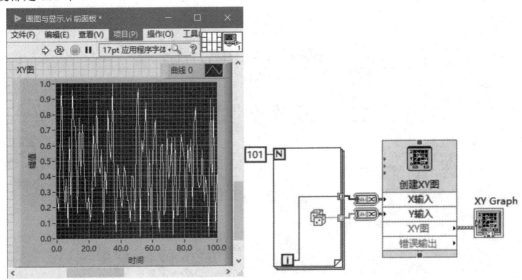

图 6.7　绘制随机数曲线

在 LabVIEW 中，一般控件都有自带的范例程序供编程人员学习。在"创建 XY 图"上单击鼠标右键，在弹出的菜单中选择"范例"，进入 LabVIEW 的帮助界面，如图 6.8 所示。在图 6.8 的最下面单击"打开范例"按钮，弹出如图 6.9 所示的"Lissajous 曲线与 Express VI 前面板"，其程序框图如图 6.10 所示。读者可以学习其中的案例程序，还可以把案例程序另存一份，修改为读者自己的 VI。

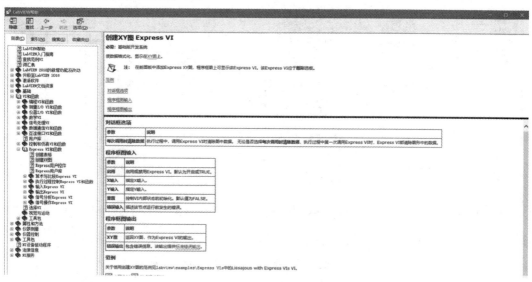

图 6.8　LabVIEW 帮助

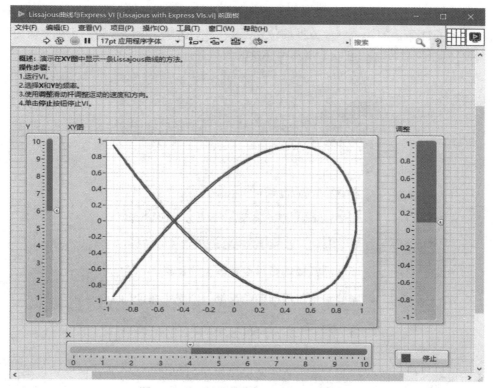

图 6.9　Lissajous 曲线与 Express VI 前面板

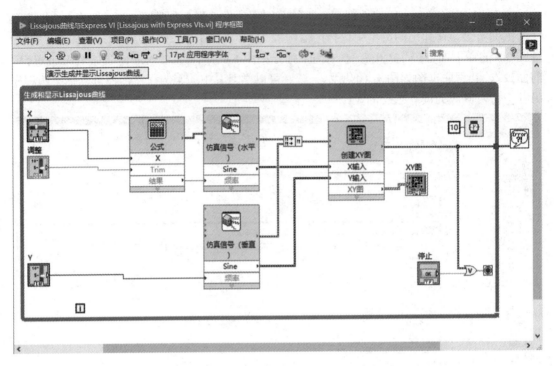

图 6.10　Lissajous 曲线与 Express VI 程序框图

从图 6.9 中可以看到绘图的颜色与控件的颜色不一致，这该如何进行设置呢？这就要用到工具选板了。工具选板位于菜单栏中的"查看"→"工具选板 T"中，如图 6.11 所示。鼠标单击图 6.11 下面的两个白色方框的位置，弹出颜色选项，可以看到"用户""历史""系统""控件背景"颜色盒，可以单击其中任意的颜色进行选取。

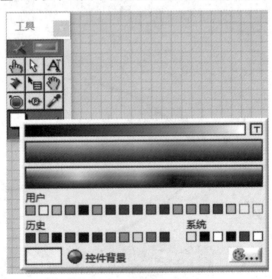

图 6.11　工具选板中的颜色

单击鼠标，选择白色颜色，单击绘图控件的黑色绘图区域部分，可以多次单击鼠标，直至整个绘图界面都变成白色，此时绘图背景的颜色修改完成。再用鼠标单击工具选板对话框的小扳手右边的颜色按钮，按钮变成绿色，鼠标恢复开发模式指针状态，否则将一直处于修改颜色的状态。关闭工具选板，单击绘图的属性，切换到曲线与标尺菜单，分别修改曲线与标尺网格的颜色，另外曲线的颜色也可以在图 6.12 所示的颜色设置界面中进行修改。此时单击绘图，可见如图 6.12 所示的绘图结果。

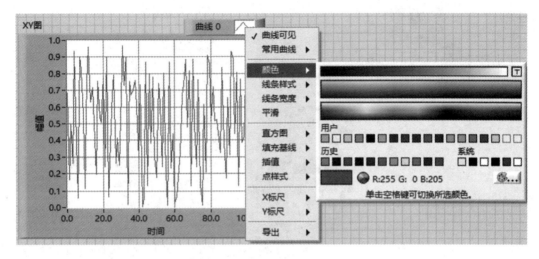

图 6.12　曲线的颜色设置

6.2　属 性 节 点

另外，还有其他方式可以设置曲线的颜色、绘图的背景色、XY 标尺的坐标系、游标以及所有与绘图相关的其他参数，这就要再次提到属性节点，属性节点就是对控件的属性参数进行修改的一个专用函数。

属性节点位于函数选板中的"编程"→"应用程序控制"中，如图 6.13 所示。

图 6.13　应用程序控制函数选板

LabVIEW 中的大部分控件都有控件的属性参数，都可以创建属性节点。用鼠标右键单击控件→"创建"→"属性节点"，可以看到 XY Graph 的图形控件具有特别丰富的属性节点，如图 6.14 所示。一般应用较多的是 X 与 Y 标尺的范围，因为在天线测试系统中使用的角度或者位置数据都是具有一定范围的数据，需要根据扫描测试范围设置坐标的显示范围。

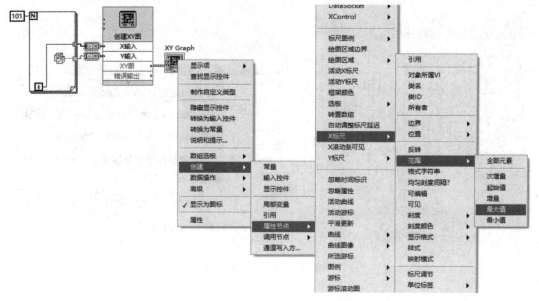

图 6.14　XY Graph 的属性节点

单击属性节点的最大值后可以看到属性节点，如图 6.15 所示。将鼠标移动到下边框的边缘位置，当鼠标变成上下箭头的形状后，按住鼠标左键不放并向下拖动，这时可以看到很多属性节点的定义内容。每个定义内容都可用鼠标单独点开重新选择属性，如图 6.15 所示。当前属性的接线端子全部在右侧，表示控件的输出属性。使用鼠标右键单击"全部转换为输入"，这样接线端子就跑到左边去了，变成了输入属性。分别选择 X 标尺范围最大值、X 标尺范围最小值、Y 标尺范围最大值、Y 标尺范围最小值，并在接线端子处分别创建输入控件，如图 6.16 程序框图的第二顺序结构所示。

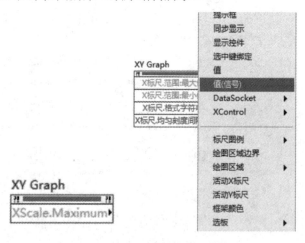

图 6.15　XY Graph 的属性节点设置

利用最大最小值属性节点进行编程，使用 for 循环创建 X 输入数组 −50～50，间隔为 1，使用随机数函数产生 101 个 0～1 之间的数值数组并输入给 Y，输入完成后调用属性节点分别设置 X 标尺、Y 标尺的坐标范围的最大与最小值。程序需要放在顺序结构中，以便限制执行的顺序，单击运行程序，程序从左向右依次执行。先执行画图，再执行 X 标尺、Y 标尺的范围属性控制，运行结果与程序框图如图 6.16 所示。

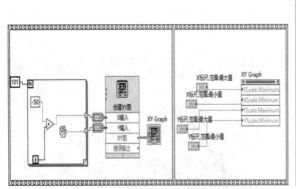
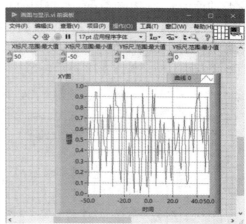

图 6.16　XY Graph 的属性节点绘图

改变 X 标尺的范围为 −100 至 100，Y 标尺的范围为 0 至 5，单击运行程序。可以看到运行结果，如图 6.17 所示，属性节点调用正确。习惯用属性节点可以优化程序的执行效率，可多多尝试。

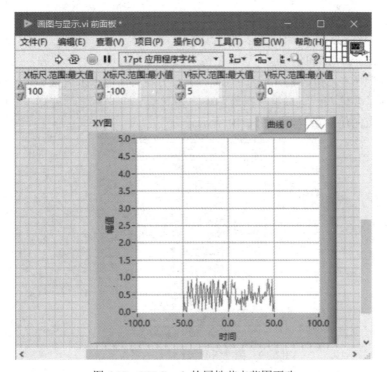

图 6.17　XY Graph 的属性节点范围更改

6.3 强 度 图

强度图一般用来绘制二维数据的结果，在天线测试系统中可以绘制平面近场测试系统采集的近场幅度与相位数据。强度图的绘制相对来说比较简单，需要给定二维数组即可完成图形的绘制。在前面板中添加强度图，在程序框图中使用嵌套 for 循环产生一组二维随机数的数组，随机数的值的范围为 0~1，因此使用了乘法函数，乘以 100，方便显示，程序框图与运行结果如图 6.18 所示。

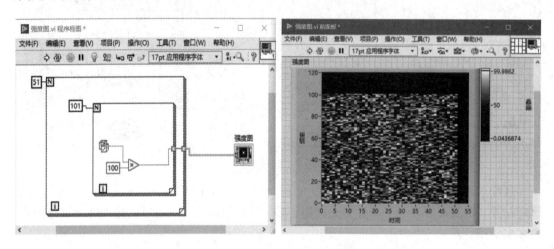

图 6.18 强度图的绘图程序框图与运行结果

从强度图控件的绘图结果中可以发现绘图中有一部分显示为黑色，为什么没有显示满图的状态？这是一个很好的问题。笔者在初次使用时也发现了这个问题，经过几天的调试终于找到了问题所在。和 XY Graph 图类似，需要用到属性节点来调整 XY 坐标轴的显示范围，强度图除了要输入一组二维数据外，还需要对 XY 的坐标进行控制，其中，包括坐标的间隔，起始点的偏移量等，如图 6.19 所示。

▶	X标尺.范围:最大值
▶	X标尺.范围:最小值
▶	Y标尺.范围:最大值
▶	Y标尺.范围:最小值
▶	X标尺.偏移量与缩放系数:偏移量
▶	Y标尺.偏移量与缩放系数:偏移量
▶	Y标尺.范围:增量
▶	X标尺.范围:增量
▶	X标尺.范围:次增量
▶	Y标尺.范围:次增量
▶	Y标尺.偏移量与缩放系数:缩放系数
▶	X标尺.偏移量与缩放系数:缩放系数

图 6.19 强度图的 XY 标尺的属性节点

使用图 6.19 所示的属性节点把图像重新绘制，将绘图与属性节点放置于顺序结构中，如图 6.20 所示。同样，用嵌套 for 循环生成了 11 乘以 11 的 121 个二维数组，设置 X 与 Y 标尺的最大值分别为 401 与 221，运行程序，结果如图 6.21 所示。

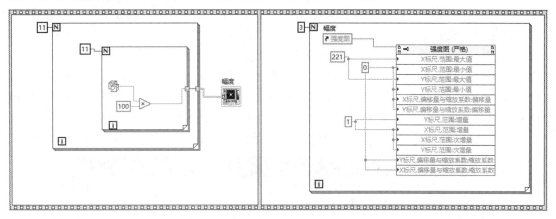

图 6.20 强度图 XY 标尺的属性节点程序框图

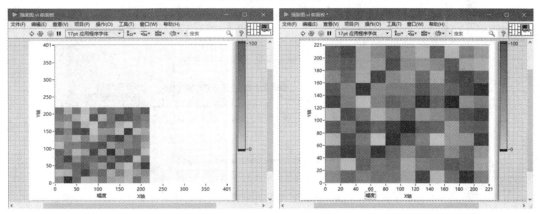

图 6.21 强度图的 XY 标尺的不同显示

6.4 列 表 框

列表框在软件编程设计的时候经常会用到，位于前面板控件选板中的"新式"→"列表、表格和树"中，如图 6.22 所示。使用较多的是列表框和多列列表框。

图 6.22 列表、表格和树选板

　　新建 VI，在前面板中添加列表框与多列列表框控件。切换到程序框图界面，创建一个单重 for 循环与一个双重 for 循环，设置循环次数，使 for 循环分别产生一个一维数组与一个二维数组。用鼠标右键单击列表框与多列列表框中的"创建"→"属性节点"→"项名"，项名就是列表框显示到列表框中的内容，用鼠标右键单击创建的属性节点"全部转化为输入"，可以看到，项名的数据类型是字符数组，列表框是一维字符数组，多列列表框是二维字符数组，此时读者应该理解为什么用 for 循环创建数组的含义了。但是，读者还会发现 for 循环创建的是实数数组，列表框属性节点需要的是字符串数组，此时需要用到格式转换函数。该函数位于函数选板中的"编程"→"字符串"→"数值/字符串转换"→"数值至十进制数字符串转换"，如图 6.23 所示。切换到前面板，运行程序，如图 6.24 所示。

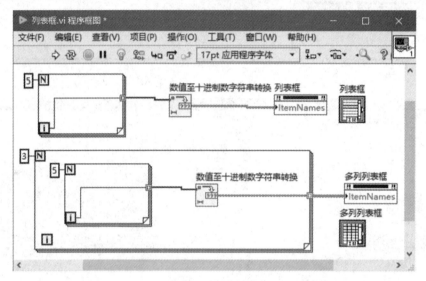

图 6.23　列表框与多列列表框程序框图

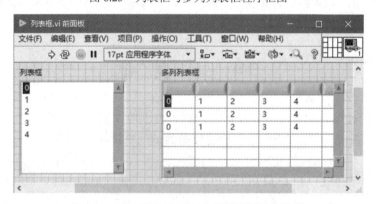

图 6.24　列表框与多列列表框前面板运行结果

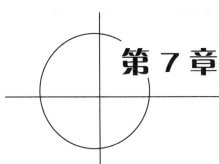

第 7 章

MAX 与仪器驱动、接口

本章讲述的是仪器仪表控制接口和查找仪表的关键内容，是天线测试系统控制软件的核心知识。仪器控制在 LabVIEW 中需要驱动程序，LabVIEW 提供了 VISA 驱动工具包可供安装。安装驱动以后，在 VI 前面板的菜单栏中单击"工具"→"Measurement & Automation Explorer"，打开 NI MAX 接口工具箱，如图 7.1 所示。也可以通过 LabVIEW 的安装包在 Windows 应用程序的启动中打开 NI MAX，安装完工具包以后，NI MAX 作为一个独立的电脑程序在安装程序的目录下即可找到，以下简称 NI MAX 为 MAX。

图 7.1 Measurement & Automation Explorer

7.1 网络接口与仪器控制

从图 7.1 中可以看到 MAX 中包含"我的系统"与"远程系统"。仪器控制使用较多的是网络地址，也就是网口。计算机通过网线连接到一台仪表进行程控，也可以控制多台仪

表，常用网络交换机进行多仪表程控，类似于组成局域网。单击"我的系统"→"设备和接口"，在展开的列表中，可以看到有四个树形结构可以选择，如图 7.2 所示。

图 7.2　设备和接口

用鼠标单击图中的"VISA TCP/IP Resources"，在展开的列表中可以看到有很多历史连接过的仪表地址，如图 7.3 所示。当然，新安装的 MAX 是没有这些地址的。

图 7.3　VISA TCP/IP Resources

7.1.1　添加仪表地址

例如，连接一台网络分析仪，使用网线将计算机的网口与网络分析仪的网口连接起来，将计算机的网址与网络分析仪的网址设置到同一个网段下。使用 Windows 系统自带的 CMD

命令 ping 通网络连接，若读者不知道怎么 ping 通网络连接可自行在互联网上查询相关内容。

用鼠标右键单击 "VISA TCP/IP Resources"，弹出 "Creat New TCP/IP Resources..."，如图 7.4 所示。

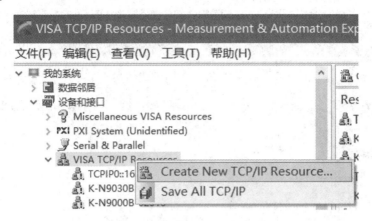

图 7.4　创建新的网络连接

单击 "Creat New TCP/IP Resources..."，弹出如图 7.5 所示界面。其中有三种连接方式。第一种是 LabVIEW 自动查找仪表的网络地址，目前，最新的是德科技 N 系列所有仪表的网络地址都能被自动查找到。某些仪表需要手动添加其网络地址，这就需要用到第二种方式。第三种方式是基于 Socket 的网络通信方式，是带网络端口号的通信方式。在天线测试系统软件通信中，这三种添加仪表网络地址的方式都能用到。

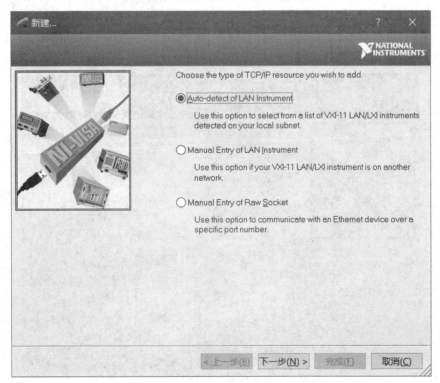

图 7.5　创建新的网络连接

若能够自动找到仪表的网络地址，则在下面的空白列表框中会显示仪表的名称或者网络地址。在无法自动查找到仪表的网络地址时，会提示用户手动输入仪表的网络地址，输入完成后单击"下一步(N)"，如图 7.6 所示。

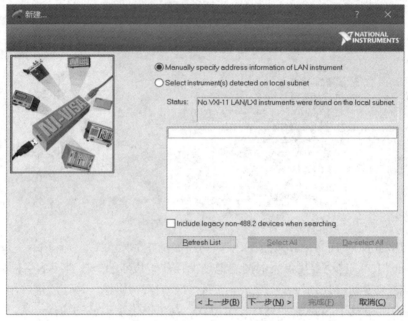

图 7.6　手动查找地址

在图 7.7 中可以看到仪表的网络地址与仪表名称，输入仪表的网络地址，仪表名称一般是"inst0"即可，单击"下一步(N)"，如图 7.8 所示。可以看到"Resource Name"为 "TCPIP0::192.168.1.100::inst0::INSTR"，单击 "完成(F)" 即可。

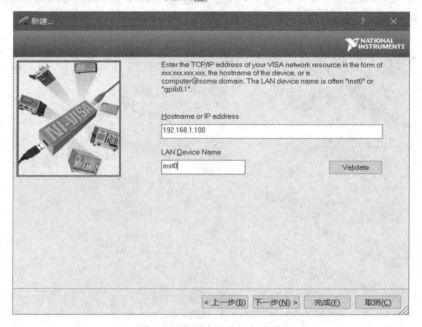

图 7.7　手动输入地址与名称

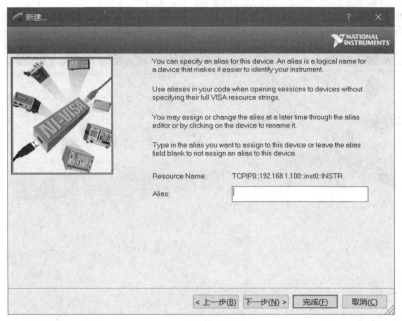

图 7.8　地址与名称

　　添加的地址在"VISA TCP/IP Resources"的列表中即可看到，若仪表正常连接，那么链接地址上的黄色感叹号就不见了，出现黄色感叹号表示仪表未连接或者地址不正确，如图 7.4 中的黄色感叹号。

　　手动添加 Socket 的顺序，如图 7.9～图 7.11 所示，需要输入仪表的网络地址与仪表的端口号，端口号一般在仪表的出厂说明书中可以查到。

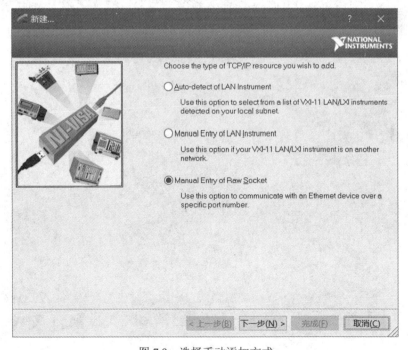

图 7.9　选择手动添加方式

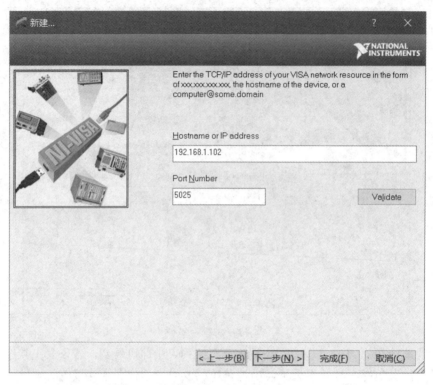

图 7.10　地址与名称 1

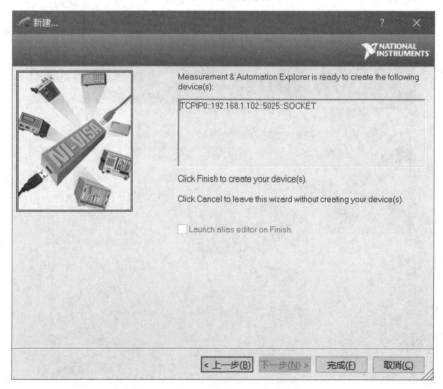

图 7.11　地址与名称 2

7.1.2 测试通信协议

添加完地址后，可在地址位置单击鼠标右键，在弹出的列表中单击"Open VISA Test Panel"，如图 7.12 所示。在弹出如图 7.13 所示的 VISA 通信测试面板中单击"viWrite"中的"Execute"按钮，发送仪器识别命令"*IDN?\n"，切换到"viRead"界面，单击"Execute"按钮，读取仪表的名字，可以在 Buffer 对话框中看到仪器的名称，证明仪表连接完成，该地址可以作为后面编程通信的接口地址。

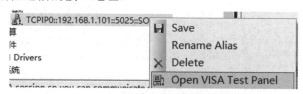

图 7.12 打开通信测试接口

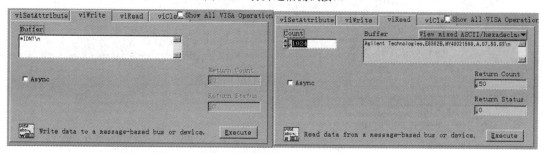

图 7.13 VISA 通信测试面板

7.2 GPIB 接口与仪器控制

GPIB 接口是基于 IEE488 总线定义的通信接口，在 GPIB 总线上传输通信协议。一些前几年的仪表与天线测试系统应用 GPIB 接口通信的较多。单击设备接口中的"Miscellaneous VISA Resources"，在展开的列表中，可以看到 GPIB 的通信接口地址，如图 7.14 所示。

图 7.14 GPIB 的通信接口地址

NI MAX 在安装完成以后是没有开放 GPIB 通信接口的，需要在 MAX 的菜单栏中进行设置，如图 7.15 所示。单击"工具(T)" → "NI-VISA" → "VISA Options"，弹出如图 7.16 所示界面，将"Passports"中的所有选项勾选即可。退出 MAX 并重新进入就能发现"Miscellaneous VISA Resources"接口了。

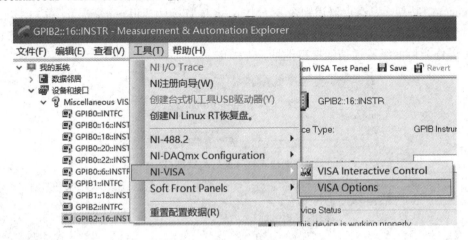

图 7.15　GPIB 通信接口的设置

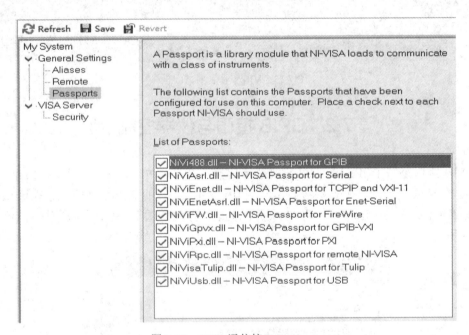

图 7.16　GPIB 通信接口 Passports

GPIB 通信一般需要 USB-GPIB 的转接卡，转接卡可在 NI 公司或者是德科技公司购买。是德科技公司的转接卡的一端是 USB 接口，连接至电脑的 USB 上，另一端为 GPIB 的接口，连接到仪器上。GPIB 转接卡需要驱动软件，安装是德科技公司的"IO Libraries Suite"即可，"IO Libraries Suite"可在是德科技的官方网站上免费下载。

其余 MAX 中的功能，笔者在 13 年的编程过程中没有使用过，感兴趣的读者可以自行研究或者参考相关帮助文件进行学习。

7.3 编写基础的仪表控制程序

仪表控制程序通信的基础是 VISA 驱动，很多测试系统控制软件都是基于 NI 公司的 VISA 驱动包来开发控制仪表程序的，例如，用 C++语言调用 VISA 驱动。LabVIEW 中的 VISA 函数位于程序框图函数选板的"测量仪器 IO"中，如图 7.17 所示。包括 VISA 的输入、读取、VISA 设备清零、高级 VISA 函数等。

图 7.17 VISA 函数

使用 VISA 写入函数给仪表发送控制协议，使用 VISA 读取函数从仪表中读取数据。将这两个函数添加到程序框图中，将鼠标移动到 VISA 写入函数上，可看到六个接线端子，其中深红色的显示"VISA"资源名称，即为仪表的地址；粉色的是要给仪表发送的通信协议字符串。VISA 读取函数具有七个接线端子，函数左边的蓝色连线是需要读取的字节数，右侧的粉色连线代表从仪表中读取的字符串，如图 7.18 所示。

图 7.18 VISA 写入与读取函数

分别创建 VISA 资源名称与命令字符串"*IDN?"，VISA 资源名称创建为常量，读者也可以创建成"输入控件"，方便作为全局与局部变量使用。单击地址常量的小三角箭头展开地址列表，选择刚才使用 MAX 找到的仪表地址。创建 VISA 读取的字节数 100，同时创建读取缓冲区的字符串显示控件，将 VISA 写入函数右侧的地址接线端子与 VISA 读取的连接，如图 7.19 所示。切换到前面板，单击运行程序，可以看到缓冲区中返回的仪表名称字符串"Agilent Technologies,E8362B,MY43021588,A.07.50.63"，通信成功。至此，第一个仪表控制程序就建立完成了。

图 7.19 第一个仪表通信程序 IDN

在 VISA 函数上可以单击鼠标右键，在弹出的窗口中选择"范例"，打开范例程序进行学习，如图 7.20 所示。

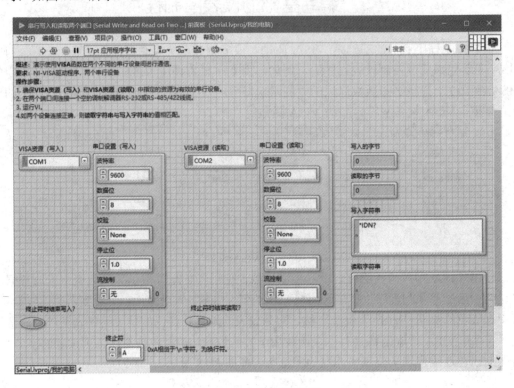

图 7.20　VISA 范例程序

7.4　调用动态链接库函数

动态链接库函数在天线测试系统软件的开发中会被经常使用到，动态链接库函数是计算机中带".dll"后缀的格式文件。LabVIEW 支持 C 语言、C++ 语言、C# 语言、VB 语言等各种开发语言编写的 dll 文件。dll 文件一般是转台、扫描架、仪表的驱动函数通信程序链接库。根据经验，使用 C 语言或者 C++ 语言、LabVIEW 语言开发的 dll 文件可以用"调用库函数节点"来调用执行，使用 C# 语言开发的 dll 文件需要使用".NET"构造器来进行调用，下面分别讲述其调用过程。

7.4.1　使用"调用库函数节点"调用库函数

调用库函数节点位于程序框图函数选板中的"互联接口"→"库与可执行程序"中，如图 7.21 所示。单击"调用库函数节点"并将其放置于程序框图上，双击该函数，打开如图 7.22 所示的配置对话框。在图 7.22 所示的函数菜单下的"库名/路径"中单击右侧的文件夹按钮，打开 Windows 文件浏览器窗口，选择需要调用的 dll 文件，如图 7.22 所示。载入 dll 文件后可以看到"函数名"的枚举框被激活，单击右侧的展开按钮，可以看到有许多函数可以使用，根据 dll 函数的说明文档，在参数菜单下配置每个函数的输入与输出参数，注意输入与输出参数的数据类型，如图 7.23 所示。配置好的函数如图 7.24 所示。

图 7.21　调用库函数节点函数

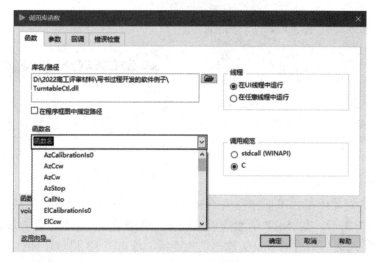

图 7.22　函数的配置

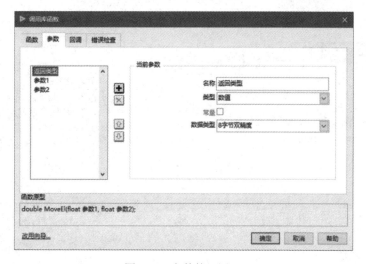

图 7.23　参数的配置

图 7.24　配置好参数的调用库函数节点

7.4.2 使用".NET"构造器调用库函数

.NET 构造器函数位于程序框图函数选板中的"互联接口"→".NET"中,如图 7.25 所示。单击 .NET 构造器函数并将其放置于程序框图上,双击打开"选择.NET 构造器"对话框,在程序集的右侧单击"浏览..."按钮,在弹出的列表中选择需要调用的 dll 文件,如图 7.26 所示。

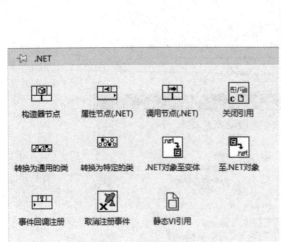

图 7.25 构造器节点

图 7.26 选择.NET 构造器

在图 7.26 的对象中单击下面带点的".RTC",单击"确定"按钮,生成.NET 构造器的应用,如图 7.27 所示。在 .NET 函数选板中选择"调用节点(.NET)"函数放置于程序框图上,将引用的输入端与构造器节点的输出端相连接,单击"调用节点(.NET)"→"方法",可以看到有许多可以操作的函数,查找 dll 文件的说明书即可对每个函数的输入与输出进行详细编程。

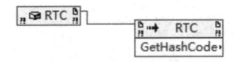

图 7.27 .NET 构造器的应用

第 8 章

VI 显示设置与美化

大型应用程序的开发需要有一个视觉效果较好的 GUI 界面，GUI 是图形用户接口，是软件的界面风格。软件界面风格可以根据项目的实际需求以及要实现的功能提前布置，也可在编程过程中使用 LabVIEW 自带的控件按照界面风格进行编程设计，还有一种是软件开发完以后，根据用户需求调整界面的风格设置，因此，读者需要熟悉美化界面的一些小技巧。

8.1 VI 属性设置

8.1.1 常规

VI 的属性设置在菜单栏中的"文件"→"VI 属性(I)"中，如图 8.1 所示。单击"类别"中"常规"右侧的下箭头展开 VI 属性可以设置的类别，如图 8.2 所示。在常规中用户可以设置"编辑图标"，从而更改本 VI 右上角显示的图标样式，如图 8.3 所示。

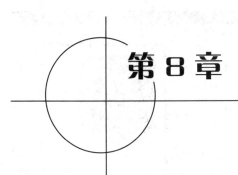

图 8.1 VI 属性设置

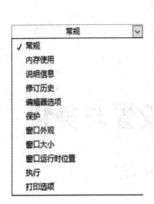 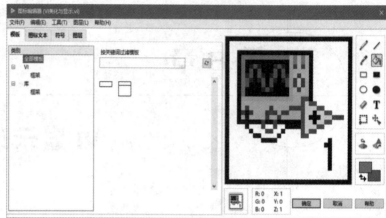

图 8.2　VI 属性可以设置的类别　　　　图 8.3　常规类别中编辑图标的样式

8.1.2　内存使用

单击图 8.2 中的"内存使用"可以切换到内存使用，如图 8.4 所示。此时可以看到 VI 占用内存的大小，建议运行 LabVIEW 的计算机内存要大于 4 GB，目前主流计算机几乎都满足这个运行条件。在 LabVIEW 中具有内存管理的相关函数，位于"函数"选板的"应用程序控制"→"内存管理"中，如图 8.5 所示。该函数用于大型程序中的内存管理，之前的 LabVIEW 版本内存管理的函数较多，新版本的软件已经更新了内存自动管理，无须用户进行过多干预，笔者在开发程序的过程中很少使用内存管理函数。

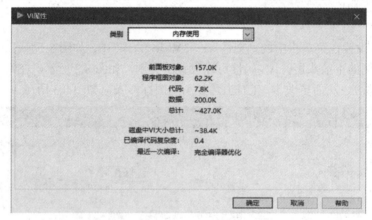

图 8.4　内存使用

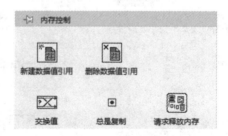

图 8.5　内存管理

8.1.3   编辑器选项

编辑器选项中有一个"对齐网格大小"选项，可以设置前面板和程序框图的大小，如图 8.6 所示。图 8.6 中，前面板和程序框图中的数值分别代表计算机的显示屏幕分辨率上的像素点数量(习惯设置为 1)。值得注意的是，在前面板中拖动或细微移动控件时，如果设置的值过大，那么很难对齐控件。创建输入控件/显示控件的样式中有新式、经典、系统、银色、NXG 风格，可以选择不同的控件风格。

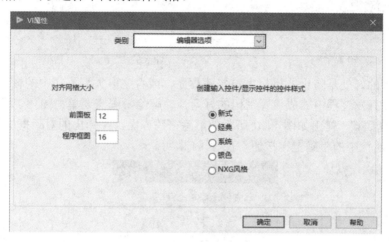

图 8.6   编辑器选项

8.1.4   保护

保护设置用于在开发程序的过程中对程序进行保护，如图 8.7 所示。选择"密码保护"，弹出如图 8.8 所示的界面，提示"输入新密码"，输入密码后单击"确定"按钮。关闭 LabVIEW 开发环境，重新打开 VI，单击前面板界面菜单栏中的"查看程序框图"，弹出如图 8.9 所示的"认证"对话框，提示输入密码，此时输入刚刚设置的密码，单击"验证"将进入程序框图界面，若密码不正确则会弹出对话框提示密码错误。

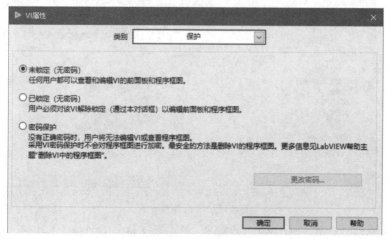

图 8.7   保护设置

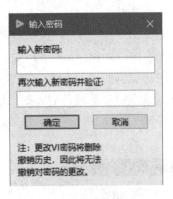

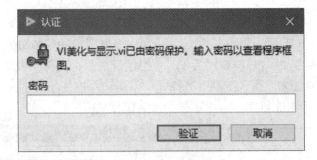

图 8.8　设置密码　　　　　　　　　　图 8.9　"认证"对话框

密码保护的好处是防止非授权人员修改程序，或者窃取大型程序中的核心程序代码，因此要在程序开发过程中养成设置密码的好习惯。解除密码需要单击图 8.7 所示界面中的"未锁定(无密码)"，弹出如图 8.10 所示的解除密码界面，在弹出的对话框中单击"是"，然后单击 VI 属性中的"确定"按钮，保存 VI 即可。

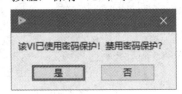

图 8.10　解除密码

8.1.5　窗口外观

窗口外观可设置的参数较多，如图 8.11 所示。可在"窗口标题"中去掉勾选"与 VI 名称相同"选项，这样用户就可以自定义窗口标题了(如"xx 测试系统"等)，定义的窗口标题将在 VI 的窗口中显示。

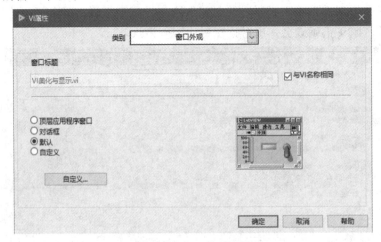

图 8.11　窗口外观设置

使用自定义窗口设置在编程中非常常见，单击图 8.11 中的"确定"按钮，弹出如图 8.12 所示的"自定义窗口外观"对话框，可通过勾选选择框实现在 VI 运行时显示项目以及 VI

的动作。若在运行时不需要显示菜单栏，那么将"显示菜单栏"前的勾选去掉即可。

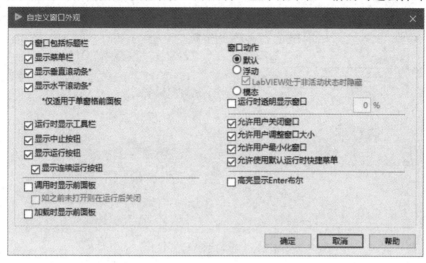

图 8.12　"自定义窗口外观"对话框

8.1.6　窗口大小

窗口大小参数的设置主要指前面板程序 UI 大小的设置，如图 8.13 所示。可直接单击"设置为当前前面板大小"，其宽度与高度的数值就会更新为当前面板占用的像素点的大小。在程序开发完成打包程序时，需要勾选"使用不同分辨率显示器时保持窗口比例"与"调整窗口大小时缩放前面板上的所有对象"。

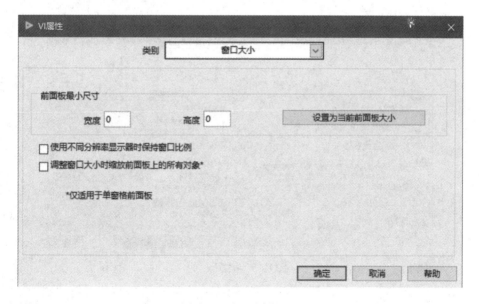

图 8.13　窗口大小设置

8.1.7　窗口运行时的位置

在"位置"选项组中有不改变、居中、最大化、最小化、自定义几种选择，如图 8.14

所示。有些用户习惯使用最大化，"显示器"选项选择默认值"主"即可。

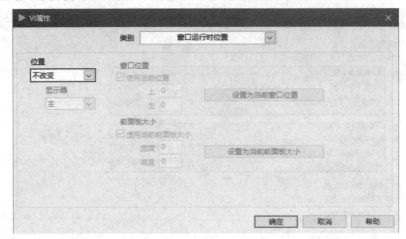

图 8.14 窗口运行位置设置

8.1.8 执行

执行设置是用来设置程序的运行状态的，如图 8.15 所示。一般用到的是"打开时运行"，指的是在 VI 打开时程序自动运行。在调试程序时或者程序开发完成后，在不打包的状态下可以勾选此设置，需要注意的是该项设置与自定义窗口外观中的"运行时显示工具栏"存在冲突。如果去掉勾选，当程序打开时直接进入运行状态，那么没有工具栏上的终止程序按钮，程序永远进入不了程序框图的状态，导致程序死掉，无法进行再次开发。其他设置参数读者可自行调试。

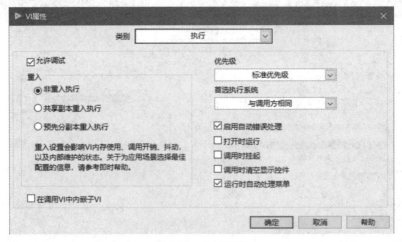

图 8.15 执行设置

8.2 使用工具选板的颜色

使用工具选板可以改变 VI 前面板与控件的颜色风格。图 8.16 所示为计算信号的功率谱密度程序界面。该程序使用正弦波发生器与噪声叠加后的信号,计算叠加后信号的功率谱密度,并通过绘图显示出来。VI 中使用了绘图控件、条件结构、while 循环、定时等函数,如图 8.17 所示。可以使用工具选板改变界面的颜色,单击前面板菜单栏中的"查看"→"工具选板"打开工具选板,在工具选板中选择画笔,在需要改变颜色的界面空白处或者控件上单击鼠标即可改变颜色。

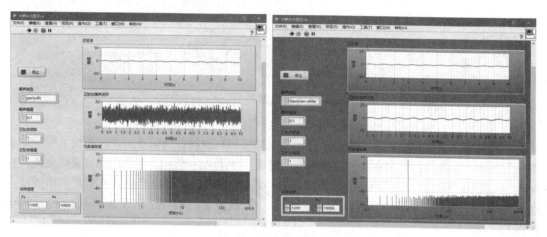

图 8.16　计算信号的功率谱密度程序界面

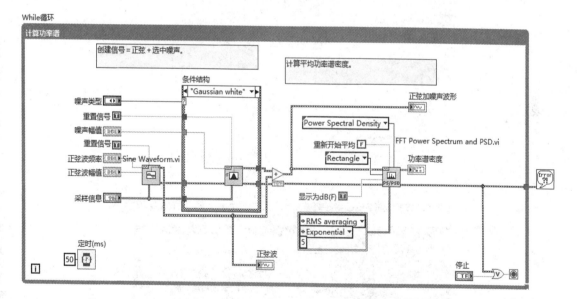

图 8.17　计算信号的功率谱密度程序框图

8.3　合理化使用修饰与窗格属性

修饰在前面板控件选板中的"新式"→"修饰",如图 8.18 所示。修饰包含各种类型的分割线、三角、框与标签,修饰在 UI 界面中起到美化界面的作用。例如,在图程序界面中加入框与细分隔线,可使程序的区域功能划分更加明显。

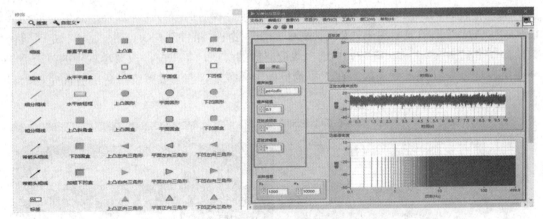

图 8.18　修饰

另外，还可以通过修改前面板的属性改变前面板运行时的背景图片。在前面板右侧滚动条的位置处单击鼠标右键，在弹出的列表中单击属性，如图 8.19 所示。在弹出的"窗格属性"对话框中，单击"背景"切换到背景菜单，单击"游览..."按钮，选择要设置的背景风格图片，在"位置"中选择"平铺"选项，单击"确定"按钮后运行程序，出现如图 8.20 所示的运行结果。

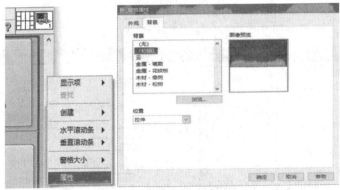

图 8.19　改变窗格背景

图 8.20　改变窗格背景后的程序运行结果

8.4　不同的前面板控件风格及对齐排布

在前面板控件选板中有几种不同风格的控件样式可供使用，不同控件编程出来的 UI 界面风格完全不同。例如，几种不同风格的布尔按钮如图 8.21 所示。

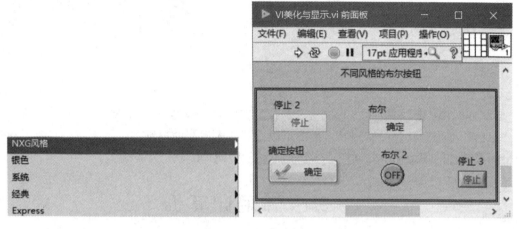

图 8.21　不同的控件风格

在界面的调整美化中经常用到的还有对齐和排布。在 VI 前面板的工具栏上，从左到右依次为对齐、分布、最大宽度和高度、多控件组合等，如图 8.22 所示。

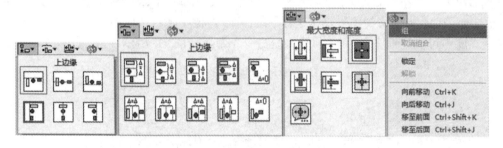

图 8.22　对齐、分布、高度宽度与多控件组合

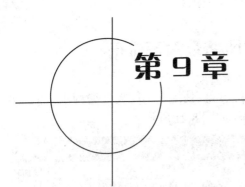

第 9 章

程序代码的保护

LabVIEW 软件开发以后，怎么才能保护开发者的软件权益不受损失？软件打包交付用户以后，如果对软件没有限制，用户可以安装在未授权的电脑中，或者在一些商用软件中会涉及软件的使用期限的问题。本章介绍两种较简单的软件保护方式。

9.1 绑定计算机

每台电脑都有独立的硬盘序列号，每个硬盘序列号都是计算机硬盘的身份证，没有相同的硬盘序列号。因此，可以利用硬盘序列号的唯一性，将软件程序与硬盘绑定。获取硬盘序列号的方式是使用 CMD 命令行命令，主要有 list disk、select disk、detail disk 三个命令。在 LabVIEW 中使用的函数是"执行系统命令"，位于函数选板的"编程"→"互连接口"→"库与可执行程序" →"执行系统命令"中，如图 9.1 所示。

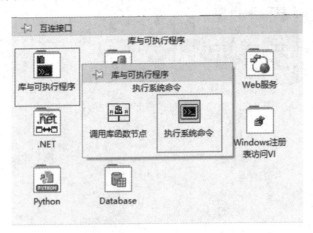

图 9.1　执行系统命令函数

该函数一般需要使用三个接线端子，分别是"标准输入""标准输出"与"命令行"。

在命令行接线端子上单击鼠标右键，创建字符串常量并输入 cmd /c diskpart，用同样的方法在标准输入端子上创建字符串常量并输入：

lisk disk

select disk 0

detail disk

需要注意的是，命令格式如图 9.2 所示。在标准的输出接线端子上创建显示控件，可以用来显示读取的硬盘详细信息，从硬盘的详细信息中即可看到含有硬盘序列号的内容，如图 9.3 所示。前面板界面的标准输出中的显示为字符串，使用字符串截取函数，从字符串中把硬盘的 ID 号截取出来，如图 9.3 中的"硬盘 ID"显示的内容。那么，现在获得了硬盘 ID，怎么能把软件与硬盘 ID 绑定呢？其实很简单，为了限制用户破解硬盘 ID，可以使用截取字符串函数截取硬盘序列号中的一部分，再对截取的部分进行加减乘除，至于如何进行加减乘除，由读者自己编写算法来决定。经过变换以后得到一个新的转译的硬盘 ID，利用文件函数，将经过程序转译的硬盘 ID 以文件的形式保存至软件的安装目录中，保存的程序代码如图 9.4 所示。其中，用到了路径至字符串转换函数、条件结构、拆分路径、创建路径和写入带分隔符电子表格函数。条件结构的作用就是解决开发环境下的路径与生成的安装文件中指定的安装路径不同的问题。

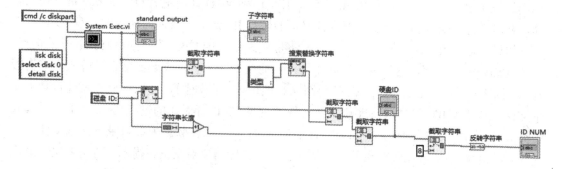

图 9.2　系统命令函数的格式

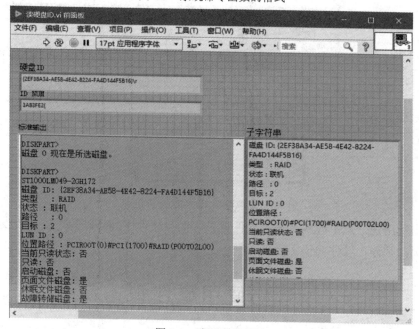

图 9.3　读硬盘序列号

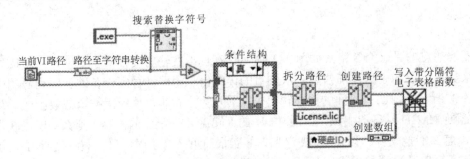

图 9.4　保存转译的硬盘 ID 代码

至此，将转译的硬盘 ID 保存到了 VI 所在的文件夹的文本文件中，文本文件的后缀一般是.txt，但是也可以是其他用户自定义的后缀，只要能将文本文件打开即可。本程序中使用了.lic 作为文本的后缀，生成了一个名为"License.lic"的本文文件。

如何实现软件与硬盘 ID 的绑定呢？需要编写一个读取该文本文件的函数，也就是子 VI。读取了该文本文件中的硬盘 ID 后，对转译的硬盘 ID 使用笔者自己的算法进行逆向转译，在软件打开执行的第一步，读取计算机的硬盘 ID 并将其与逆向转译的硬盘 ID 进行对比，如果二者一致，说明软件在同一个计算机中安装，如果不一致，那么终止软件的运行，退出 LabVIEW 程序。这样就可以防止用户将购买的一个软件安装到多台计算机上的盗版行为。图 9.5 所示的是 crack 子 VI 使用图 9.2 与图 9.3 所示程序，读取存储在软件目录下文本文件中的硬盘 ID，并与 crack 中实时读取的硬盘 ID 进行对比的过程，crack 中实时读取硬盘 ID 后，将其进行转译，并将该转译的硬盘 ID 与存储在软件安装目录下文本文件中的硬盘 ID 进行比较，若比较结果的布尔值为假，则弹出消息对话框，提示"请安装软件破解序列号"，若比较结果的布尔值为真则不进行任何操作，而是直接启动软件。

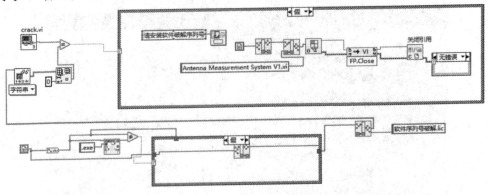

图 9.5　读取硬盘 ID 判断是否正确

如果出现用户任意更改或者删除软件目录下的"软件序列号破解"或者"License.lic"文件的情况，则停止软件的使用授权。

9.2　使用硬件锁

如何限制用户的软件使用时间？在软件试用期结束后又该如何停止软件继续被运行

呢？在商业软件中这两个问题经常会遇到。一般地，软件的使用时间可以使用远程服务器时间进行限制，或者使用本地计算机的时间进行限制，还可以使用电脑外部接口连接外部时钟进行限制。外部时钟限制对定制化软件极其实用，一般是使用外接 USB 硬件时钟的形式。在计算机的 USB 接口插入硬件时钟，硬件时钟独立于计算机的系统运行，当使用软件读取到时钟的时间超过软件的试用期后就立即停止软件的授权。计算机的时钟相对于外部时钟安全性较差，由于用户可随意修改 Windows 的系统时间，这就需要极其复杂的算法才能做好对软件的保护，因此，外部硬件时钟得到大多数软件开发者的喜爱。外部时钟一般称作硬件狗，不只起到时钟锁的作用，其中还有很多复杂的算法，类似于 USB key 锁。

LabVIEW 可以调用硬件锁的 dll 文件进行时钟的获取与保护密码的设置，如图 9.6 所示。通过调用 cdll8.dll 硬件锁的动态链接库函数，即可获取硬件狗的时间，如图 9.7 所示。在软件打开时读取硬件狗的时间，与软件设置的试用时间做对比，如果已经过了使用期限，则结束程序的运行，退出 LabVIEW。在软件打开的同时，检测硬件狗的连接状态，若硬件狗移除，则关闭软件，退出 LabVIEW，此时硬件狗与软件成功绑定。

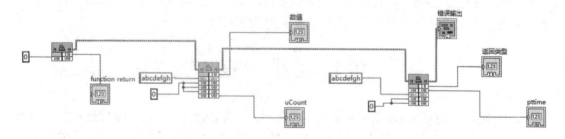

图 9.6　读取硬件狗的时钟程序框图

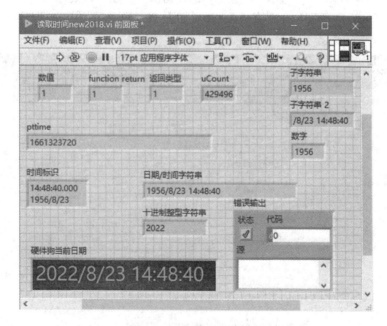

图 9.7　读取硬件狗的时钟

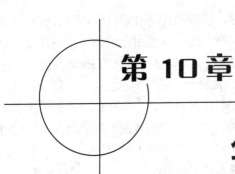

第 10 章

生成可执行与安装程序

LabVIEW 在开发完程序后，交付客户或者使用时需要脱离 LabVIEW 的开发环境独立运行，因为开发环境与驱动程序包的大小加起来达到了几吉字节(GB)的容量，不方便在计算机中快速移植。另外，安装过程较为烦琐费时，因此，需要打包成独立运行的程序。在打包程序之前可以用第 8 章中讲述的知识优化界面的设置。

10.1　可执行程序

在生成可执行程序.exe 之前需要创建一个项目工程，把所有在程序开发过程中使用的 VI 或者相关的库函数添加到该工程项目中。"创建项目"位于前面板或程序框图的菜单栏中的"项目(p)"中，以"计算功率谱密度"程序为例，单击"创建项目..."，打开如图 10.1 所示的界面。单击 "项目"→"完成"，弹出如图 10.2 所示的"打开项"的选择框，单击"添加"，弹出图 10.3 所示的项目浏览器窗口。

图 10.1　创建项目

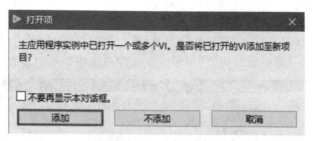

图 10.2　打开项选择框

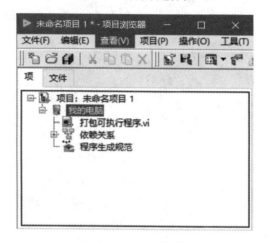

图 10.3　项目浏览器

此时可以看到图 10.3 中的"未命名项目 1",单击窗口菜单栏中的"文件(F)"→"另存为(A)..."将工程文件保存到软件开发目录文件夹中,并命名为"计算功率谱密度"。单击"依赖关系"前的加号,在展开的列表中看到附带的动态库文件"lvanlys.dll",若程序开发过程中设计了子 VI,则子 VI 也会同时被加载到依赖关系中的目录下,如图 10.4 所示。工程项目最好创建在开发程序的主 VI 下,这样的好处是可以自动把开发过程中需要添加的VI 全部自动添加进项目工程中。

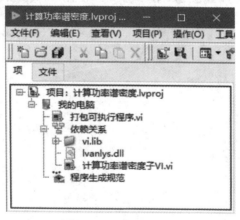

图 10.4　另存后的名称

用鼠标右键单击图 10.4 中的"程序生成规范",在弹出的列表中单击"新建"→"应用程序",弹出如图 10.5 所示的"我的应用程序属性"界面,在界面中可以看到有许多需要设置的信息。在"信息"栏可以看到"程序生成规范名称",将"目标文件名"更改为"计算功率谱密度","目标目录"是设置生成可执行程序文件包的目录,单击右侧的文件浏览按钮即可进行更改,一般采用默认值,"程序生成规范说明"不用设置。

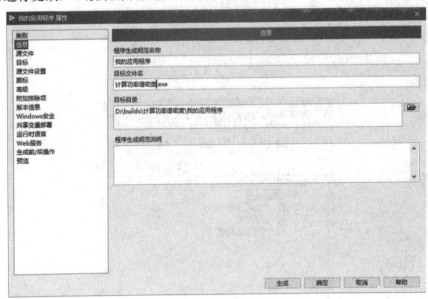

图 10.5　我的应用程序属性

　　"源文件"界面右侧含有三个列表框:"项目文件""启动 VI"和"始终包括"。项目文件是编写软件需要用到的所有 VI 函数启动的界面,是软件的主程序界面,选中"项目文件"列表中的"计算功率谱密度",可以看到右侧的向右蓝色箭头被激活。单击"启动 VI"左侧的蓝色箭头,把程序的主界面 VI 添加到了启动 VI 列表框中,代表软件开始运行时显示给用户的初始界面,如图 10.6 所示。"始终包括"列表框中添加的内容一般是除主 VI 以外的所有子 VI,在本程序中没有编写子 VI,所以可不给"始终包括"列表框添加内容。

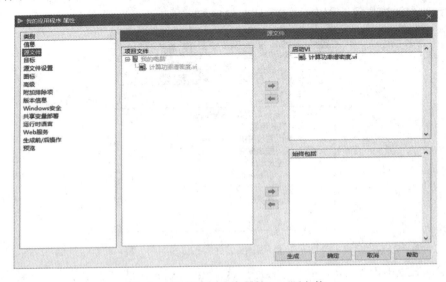

图 10.6　我的应用程序属性——源文件

"我的应用程序属性"中的"目标"与"源文件设置"一般不做修改。"图标"的设置中可以设置生成可执行程序后软件在桌面快捷方式显示的图标样式，如图 10.7 所示。使用默认 LabVIEW 图标文件以及使用图标编辑器自定义并编辑图标，如图 10.8 所示。或者使用项目中的图标文件右侧的打开文件在计算机中选择用户指定的图标 logo，注意 LabVIEW 的图标文件一般是 *.ico 文件格式的图片文件。

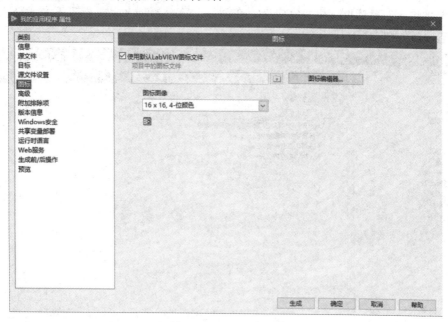

图 10.7　我的应用程序属性——图标

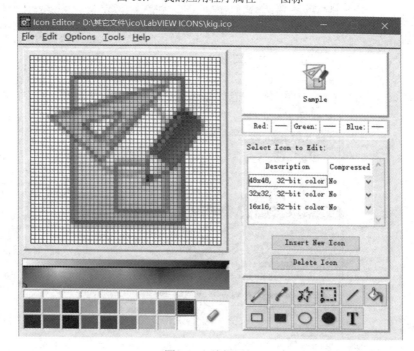

图 10.8　编辑图标

图 10.6 中的"高级""附加排除项""版本信息""Windows 安全""共享变量部署""运行时语言""Web 服务""生成前/后操作"等选项在笔者开发程序的过程中没有被用到过，所以在这里不做介绍。"预览"中可以看到"生成预览"按钮，单击该按钮可以看到生成 exe 文件的结果，如图 10.9 所示。若程序中有错误，生成预览会提示错误的根源，用户可以根据提示快速地定位并解决问题。此时，单击图 10.9 所示界面最下方的"生成"按钮，弹出"生成状态"对话框，生成完成后，在项目浏览器的程序生成规范下多了"我的应用程序"选项，如图 10.10 所示。

图 10.9 预览

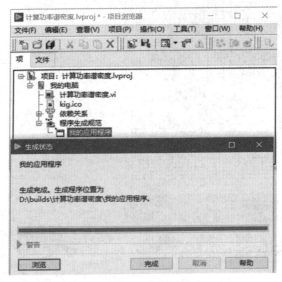

图 10.10 我的应用程序

找到刚刚生成的"计算功率谱密度.exe"文件并打开，检查程序的运行情况，如图 10.11 所示。

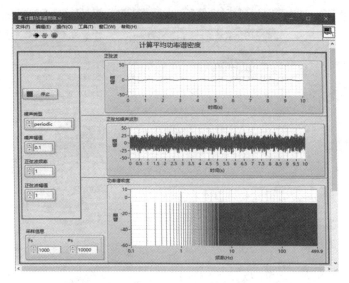

图 10.11　计算功率谱密度程序的运行结果

10.2　安装程序

安装程序的生成和可执行程序的生成过程基本相似，区别在于源文件的设置和附加安装程序，"我的安装程序属性"在项目浏览器的"程序生成规范"中，用鼠标右键单击"新建"→"安装程序"，弹出如图 10.12 所示的界面。

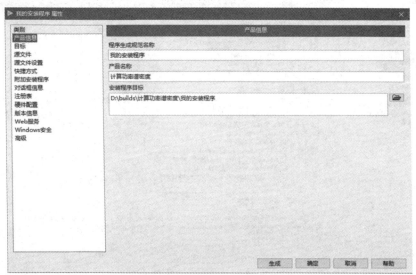

图 10.12　我的安装程序

在"源文件"的设置中，可以在设置界面的右侧看到两个列表框，"项目文件视图"中的文件代表需要添加的刚才生成的 .exe 文件，单击"我的应用程序"，其右侧的蓝色箭头被激活。单击该箭头,将"我的应用程序"添加到"目标视图"的"程序文件"中,这就是要打包的程序文件,如图 10.13 所示。

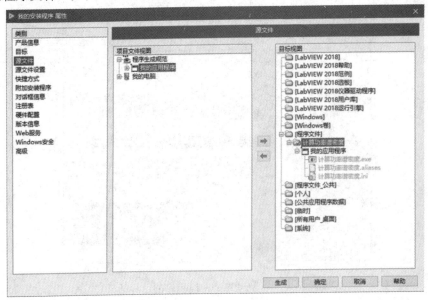

图 10.13　源文件配置

切换到"附加安装程序",默认为"自动选择推荐的安装程序",这个默认项就是 LabVIEW 的运行环境。如果读者在开发程序的过程中使用的仪器驱动 VISA 函数,需要打包相应的驱动工具包,那么需要手动选择需要的工具包,选择的工具包越多安装程序占用的硬盘空间越大,如图 10.14 所示。

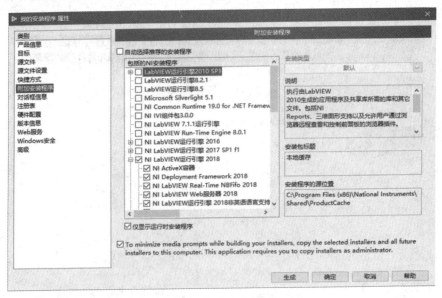

图 10.14　附加安装程序

此时,单击图 10.14 所示界面最下方的"生成"按钮,可以生成安装程序包,安装程序包生成后就可以在其他计算机中安装运行该程序了。

提高篇

TI GAO PIAN

第 11 章

天线测试系统采集软件源码解析

本章与第 12 章的内容为本书的核心内容，这两章将对照测试系统的实际工程，对笔者开发的天线测试系统软件进行深度剖析，一步一步地讲述该软件的开发思路与过程，并提供了该软件的源码程序框图与界面截图。因此，读者需要提前掌握天线测试与测试系统的基本知识、天线测试系统的组成以及工作原理，这样会有利于对软件设计和编程过程的理解。若读者不熟悉天线测试与天线测试系统的工作原理，建议先跳过本章，阅读本书的第 13 章~第 15 章，这三章的内容是天线测试与天线测试系统的入门基础知识。

11.1　软件要求与设计思路

11.1.1　软件要求

天线测试系统的软件一般会分为系统采集控制软件(简称采集控制软件)与测试数据分析软件(简称数据分析软件)两大部分。采集控制软件的主要功能是采集、控制、显示与存储；数据分析软件的主要功能是对存储的数据进行计算、分析、处理与显示。有些天线测试系统集成商会把这两个软件合成一个软件，即通过调用的形式将两个软件合并，采用被主软件调用的形式，但其真正的内核还是分开的。在大多数情况下系统软件工程师会将这两个软件分开开发并独立运行，这样有利于软件的维护与版本升级。还有一个原因是采集控制软件与数据分析软件是由不同的工程师开发的，因此二者的核心代码不同，采集控制软件的重点是控制，数据分析软件的重点是算法。一个工程师是很难将这两个软件都开发出来的，例如有些核心代码的数据算法需要由专业的算法工程师进行编写，最后汇总并提交给数据分析软件工程师进行接口对接，再合并到数据分析软件中。采集控制软件与数据分析软件之间的接口一般为数据格式文件，采集控制软件采集的数据按照规定格式存储到计算机之中，可以是文本文件、二进制文件、Excel 文件或者其他自定义格式的文件类型。数据分析软件调用这个文件进行数据的导入、计算、处理、分析与显示。笔者习惯于把采集控制软件与数据分析软件分开独立编写，因此，本章先讲述采集控制软件。

天线测试系统集成商在给用户设计采集控制软件之前，会针对软件的需求与用户进行技术沟通，软件的功能一般会出现在系统技术要求的合同中，软件工程师按照系统技术要求进行软件的设计、开发以及功能匹配。下面介绍近远场天线测试系统的采集控制软件的技术要求。

采集控制软件可方便快速地在近场测试模式与远场测试模式之间进行切换，该软件应包含测试文件的存储路径设置、测试转台与扫描架的手动控制、位置的实时反馈、系统的信号设置及接收机的设置。采集控制软件可实现近场测试数据的采集与存储，包括 X 轴扫描、Y 轴扫描、Z 轴扫描、P 轴和转台的方位轴扫描，同时还可实现远场测试数据的采集与存储。

采集控制软件的具体功能要求如下：

(1) 存储数据，将测量的有效数据以文件形式保存到用户指定的文件夹中，并有转存功能，测量原始数据存储为文本格式，方便用户查看和使用；

(2) 具有存储界面参数配置的功能，每次打开软件可调用之前的参数配置；

(3) 可设置天线测试频率，频率列表可为等间隔或非等间隔，可设置信号源的功率，可进行混频参数的设置；

(4) 接收机配置，可设置接收机的测量参数，如中频带宽、平均次数、接收机通道等；

(5) 具有定点位置实时监测功能，实时查看某个频率或全部测试频率的幅度与相位信息；

(6) 可对系统时序控制器(RTC)进行控制，提高测试系统的测试速度；

(7) 测量设置，设定测量起始位置、终止位置以及步进间隔值，具有可以切换近场与远场测试的选项；

(8) 具有平面近场测试范围预算功能，具备控制扫描架进行单方向测试与双方向测试的功能；

(9) 具有扫描架和转台的手动控制功能，在不进行测试的情况下可单独使用软件控制每个轴的运行；

(10) 数据采集系统可完成单频、多频(扫频)的幅度、相位测试；

(11) 数据采集过程中具有近远场实时显示功能，显示为直角或强度图，显示坐标可更改，并有实时位置的反馈功能；

(12) 数据采集在采集过程中出现异常停止后，具有断点续测试的功能；

(13) 测量软件有错误提示功能；

(14) 系统频率范围扩展时软件也可正常工作；

(15) 软件具有良好的用户界面，方便测试工程师的使用。

11.1.2　设计思路

近远场天线测试系统中需要控制的硬件有扫描架、转台、网络分析仪以及系统时序控制器，并用 LabVIEW 的通信接口进行程控。另外，还要协调这四台设备的运行关系，共同完成平面近场与远场的测试功能。根据 11.1.1 节中的功能要求，需要存储测试数据文件，还要保存系统的界面参数配置，这两个功能要求就会用到文件 I/O 中的函数；设置天线的频率列表时会用到列表框；定点位置实时监测功能可能会用到循环；采集过程的实时显示需要用到画图与显示控件；转台与扫描架的控制可能会用到事件结构等。

综合来看，需要在主界面 VI 上布置很多需要的输入与显示控件。但是过多的输入与显示控件全部都摆放在主程序 VI 中可能会排列不下或者排列混乱。LabVIEW 提供了几种方式可以用来设置软件的界面层次结构，如使用选项卡控件、树形控件、菜单选项等。选项卡控件把界面分成许多选项卡，每个选项卡上可设计实现不同功能的 VI；树形控件可把每个 VI 功能链接到树枝上，展开树枝即可调用相应的 VI；菜单项是通过菜单调用 UI。从笔者多年的采集控制软件使用经验来看，采集控制软件的设计采用选项卡控件的结构模式比较便捷，并且适合 LabVIEW 的编程风格。

新建 VI，保存为"主程序.vi"。添加选项卡控件至前面板中，选项卡控件位于前面板中的"控件选板"→"新式"→"容器"中，如图 11.1 所示。将选项卡控件放置到前面板后，移动鼠标至前面板左下角的顶点位置，当鼠标形状变成倾斜 45°的双箭头时，按住鼠标左键拖动鼠标，将前面板调整至合适的大小。采用同样的操作将选项卡控件调整至合适的大小，此时选项卡控件就创建完成了。这就是采集控制软件的主程序结构载体，在"选项卡 1"的位置单击鼠标右键，选择"在前面添加选项卡"或者"在后面添加选项卡"可增加选项卡的数量，也可以单击属性，在弹出的如图 11.2 所示的"选项卡控件属性：选项卡控件"对话框中设置选项卡控件的属性。

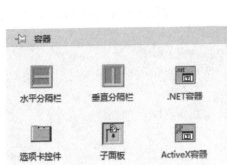

图 11.1 选项卡控件   图 11.2 "选项卡控件属性：选项卡控件"对话框

根据天线测试系统采集控制软件的开发经验，可以将测试系统的采集控制软件设计成五个选项卡，分别为"文件与仪器配置""源与 RTC 控制""接收机定点采集""扫描设置""手动控制"。因此，需要再增加三个选项卡，并用鼠标双击选项卡 1 的名称，分别修改选项卡的名称，如图 11.3 所示。在前面板的控件选板中选用修饰"平面框"，将选项卡控件框入其中，作为修饰之用。此时，在选项卡控件的左下角可以看到选项卡的标签名称"选项卡控件"，用鼠标对其双击将其修改为"主程序选项卡"。然后，在选项卡的顶端边缘位置单击鼠标右键，单击"显示项"→"标签"，将标签名称隐藏。设置 VI 属性中的"编辑器选项"→"对齐网格大小"，将"前面板"和"程序框图"的属性值全部设置为"1"，此时就完成了主程序界面的框架搭建，如图 11.3 所示。

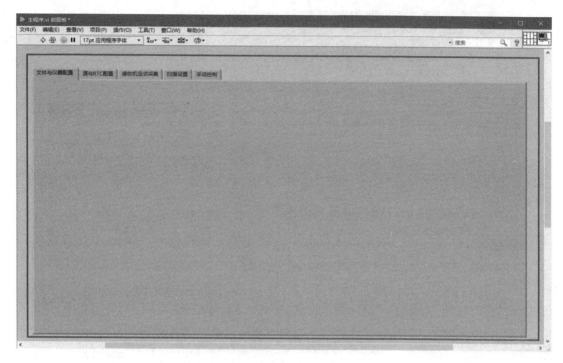

图 11.3　主程序界面——选项卡控件搭建

11.2　文件与仪器配置

天线测试系统采集的数据需要保存至计算机指定文件夹下的文本文件中，通过单击前面板控件选板中的"新式"→"字符串与路径"→"文件路径输入控件"，将该数据放置于文件与仪器配置选项卡的卡片中，并用鼠标调整至合适的大小。另外，软件需要保存界面的参数配置和导入配置文件的参数，并把配置参数写入界面上对应的控件，因此，需要再添加一个文件配置保存输入控件与一个文件配置载入控件。用鼠标左键选中输入控件，按住键盘上的 Ctrl 键不放，按住鼠标左键拖动控件可快速完成控件的复制，复制完成后修改标签的名称。切换到程序框图可以看到其中有四个函数，即主程序选项卡、保存工程配置、文件名与目录、载入工程配置，如图 11.4 所示。"载入工程配置"与"保存工程配置"需要调用主程序界面的所有控件的输入与显示的值，这将在后面的章节中进行讲述。

在选项卡页面中还需要添加仪表的识别与配置。测试系统开机以后，需通过软件连接并识别仪表是否连接正常，以便进行下一步的操作。因此，需要打开 MAX，添加矢量网络分析仪、扫描架地址，其中转台使用 dll 的方式调用，转台的控制在 dll 的函数中进行设置，不需要用 MAX 查找。

首先，在 MAX 中添加网络分析仪的地址并正确识别仪器。然后，在程序框图的空白处添加 VISA 写入与读取函数，并添加属性节点函数。在 VISA 写入函数的左侧接线端子上创建输入控件，重命名为"网络分析仪地址"。再切换到前面板，在"网络分析仪地址"输入控件的右侧，用鼠标单击下三角展开仪表的地址列表，选中 MAX 中要添加的地址。

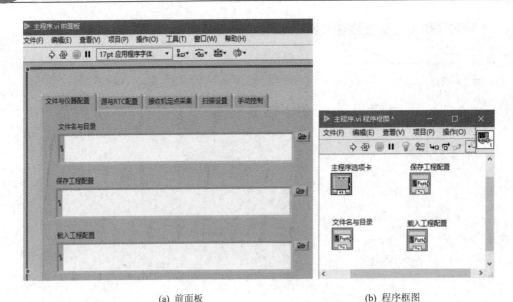

(a) 前面板   (b) 程序框图

图 11.4 文件与仪器配置——添加文件输入与输出框

切换到程序框图，把地址连线分别连接到"属性节点""VISA 写入""VISA 读取"，用鼠标右键单击"属性节点"函数的"属性"，在弹出的列表中选择"General Settings"→"Timeout Value"，如图 11.5 所示。在弹出的列表中选择"转换为输入"，并设置常量值为1000，表示与仪表通信后，可以有 1000 ms 的响应时间，若超出该响应时间则返回错误信息。将所有函数的错误输入与输出全部连接，在最后的输出节点处创建一个条件结构函数，将其连接到条件结构中的问号处，如图 11.6 所示。另外，创建属性节点用来判断读取时若产生错误信息，则通过条件结构改变"Receiver name"显示控件的背景色。

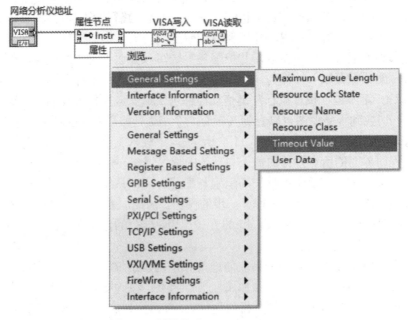

图 11.5 属性节点——Timeout Value

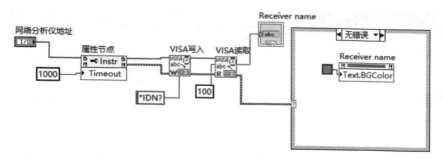

图 11.6　网络分析仪识别程序框图

　　程序运行时会自动连接仪表，并读取仪表的名称。这时就需要一个布尔按钮，单击该按钮后执行此段程序，因此需要用到 while 循环与事件结构。

　　切换到前面板，添加一个布尔按钮控件，修改其名称与标签为"网分连接"。切换至程序框图，添加事件结构与 while 循环，编辑"事件分支"，如图 11.7 所示。编辑完成后，把图 11.6 所示的程序框图拖放到事件结构中，此时，前面板的"网分连接"布尔按钮就与图 11.6 所示的程序框图关联起来了，当按下"网分连接"布尔按钮时，就会执行此段程序。

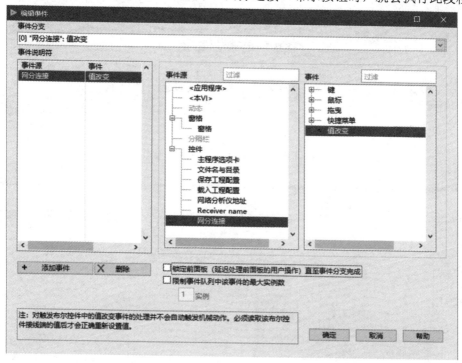

图 11.7　编辑事件——"网分连接"按钮的值改变事件

　　在事件结构上添加新的事件分支，如图 11.8 所示。选择"前面板关闭"事件 →事件源为<本 VI> →事件为前面板关闭，并去掉"锁定前面板(延迟处理前面板的用户操作)直至事件分支完成"勾选框前的选择勾。在 while 循环的条件下创建布尔常量并将其改为真，拖动到刚刚创建的条件结构内，如图 11.9 所示。该事件结构的意义为：程序在监测到前面板关闭的动作后，结束 while 循环，否则，该循环会一直在后台等待事件结构的触发通知，无法真正结束程序。

图 11.8　编辑事件——前面板关闭

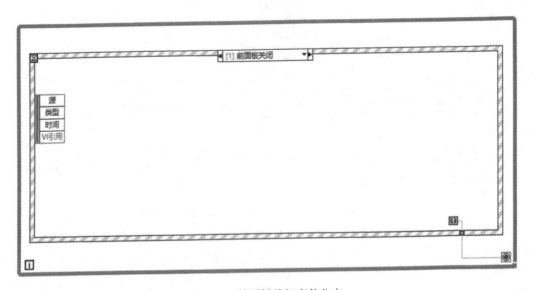

图 11.9　前面板关闭事件分支

切换到前面板，将"网分连接"布尔按钮拖放到合适的位置。断开网络分析仪的网线连接，运行程序。然后，单击"网分连接"按钮，运行结果如图 11.10 所示。

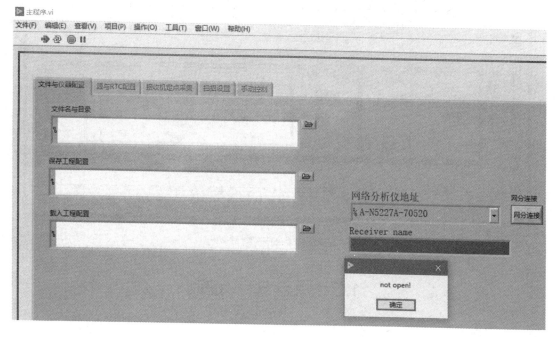

图 11.10　"网分连接"事件触发

在事件结构下添加新的 RCT、扫描架的布尔按钮对应的事件触发结构，添加后的前面板界面如图 11.11 所示。转台控制调用了 dll 的函数，使用了顺序结构与 dll 中的初始化函数，这将在后面的转台控制编程中做详细讲述，转台的连接程序框图如图 11.12 所示。RTC与扫描架的事件结构中的程序也将在后面章节中进行讲述。

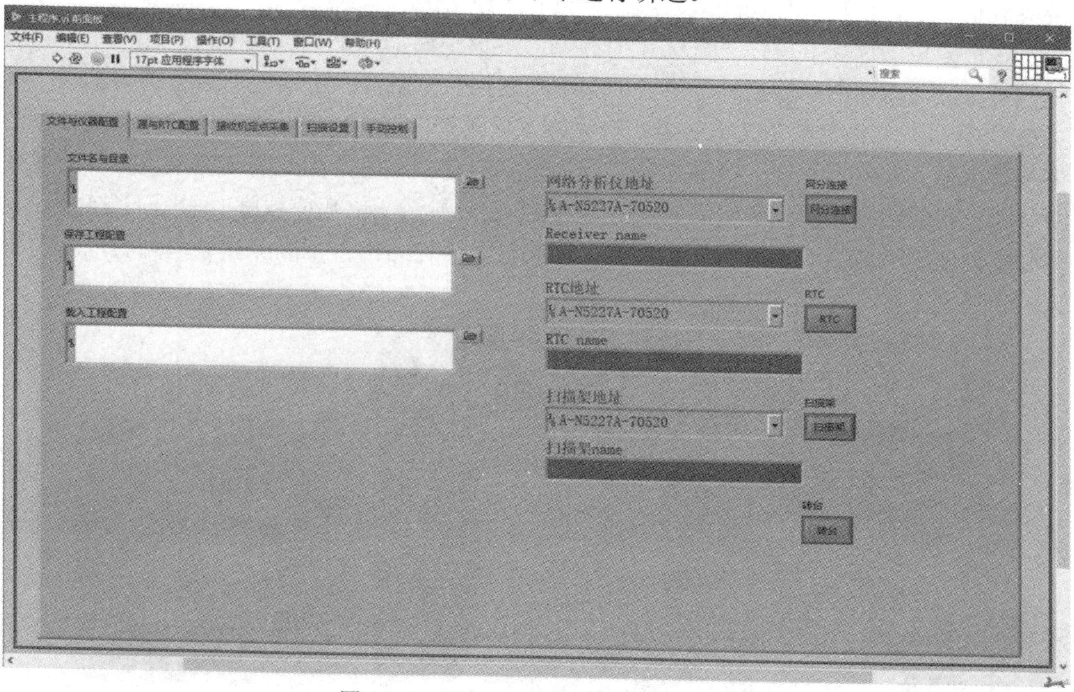

图 11.11　添加 RCT 等后的前面板界面

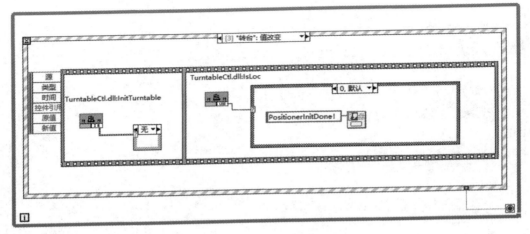

图 11.12　转台的连接程序框图

11.3　源与 RTC 控制

11.3.1　测试频率列表设置

测试频率列表是用来设置天线的测试频率的，可用于设置单个频率、列表频率或者非等间隔的多个频率。此时要把列表频率显示给用户，同时列表频率还要作为频率数组设置给测试系统的信号源，在本测试系统中设置的是网络分析仪内部源的频率，实现该功能需要列表框、事件结构、全局变量、属性节点和数组函数。

在前面板的选项卡控件"源与 RTC 配置"界面中添加一个小选项卡控件和一个单列表框控件，修改控件的标签名称，生成的频率列表控件如图 11.13 所示。由于需要输入"频率值"，因此，应添加数值输入控件。分别在"单频率"与"列表频率"的选项卡控件页面添加数值输入控件，并修改标签名称。因为输入的是频率值，因此需要在数值控件的属性中修改显示的精度，频率单位为 GHz，精确到 Hz，显示 9 位数值精度，如图 11.14 所示。同时在列表框的右侧增加三个布尔按钮，用来触发事件结构，生成测试频率列表，添加后调整布局位置。

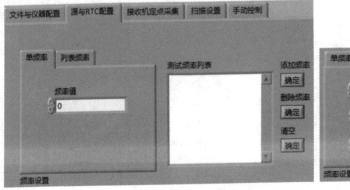
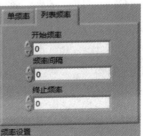

图 11.13　生成频率列表控件

图 11.14　显示 9 位频率精度

切换至程序框图，编写程序框图实现其需要的功能。LabVIEW 的核心是事件触发结构，任何事件都可以触发程序的启动，如单击鼠标、移动鼠标、按下按钮、值改变等。LabVIEW 中提供了无数的可响应事件，因此，每个程序函数在其程序框图的基本结构中，需要建立 while 循环+事件结构的基础框架，并且，设置其中的一个事件结构分支的默认值为"前面板关闭"，以便终止 while 循环。

将鼠标移动到 while 循环的上边框处，单击鼠标右键，在弹出的列表中选择"显示项"→"子程序框图标签"，在弹出的对话框中输入测试频率列表，得到如图 11.15 所示的程序框图。同时把该事件结构对用户输入与显示的控件全部排列整齐放置于顶端，这样有利于大型程序的可读性。

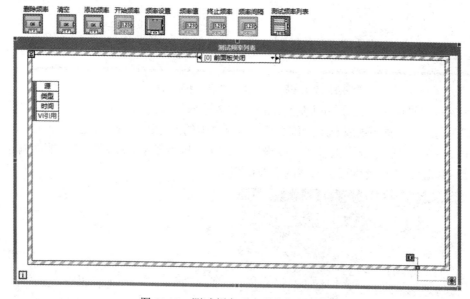

图 11.15　测试频率列表程序框图雏形

首先，编写添加频率按钮的事件结构，在"事件源"中选择 "添加频率"→"值改变"，不"锁定前面板",单击"确定"按钮,如图 11.16 所示。在该按钮的事件结构下编写程序框图,如图 11.17 所示。

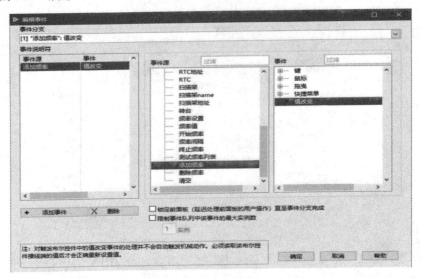

图 11.16   编辑事件——添加频率按钮

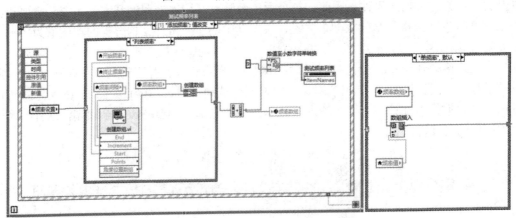

图 11.17   在频率按钮事件结构下编写程序框图

在该程序框图中使用了局部变量来传递数值输入控件的值,另外,还用了"创建数组子 VI",利用 for 循环生成一个一维数组,该子 VI 的前面板与程序框图如图 11.18 所示。将该子 VI 添加到程序框图上以后可以设置其属性,将"显示为图标"选项前的勾选去掉,这样就可以显示含有接线端子名称的子 VI 图标。

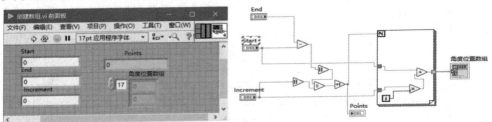

图 11.18   创建数组子 VI 的前面板与程序框图

该部分程序的设计思路是利用选项卡控件和条件结构选择是单频率输入还是频率列表输入。频率数组会在后面多处使用，因此需要创建频率数组的全局变量，如图 11.19 所示。通过创建数组函数，在频率数组的全局变量中增加频率，使用排列数组的函数整理频率数组，使得频率数组按照从小到大的顺序排列。创建以后的频率数组要重新写入到全局变量频率数组中更新频率数组。利用函数数值至小数字符串转换，将数值数组直接转换为字符串数组，输入到测试频率列表的属性节点"项名"中，这里需要注意的是转换的精度为 9。在单频率条件选择框中，利用了数组插入函数，将单个频率插入到数组中，进行排列与显示。到此为止，该"添加频率"布尔按钮事件结构中的程序框图就写完了。

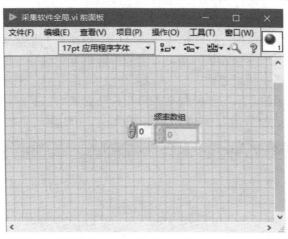

图 11.19　创建频率的全局变量

　　用同样的方法，添加删除频率按钮事件，程序框图如图 11.20 所示。利用删除数组元素的函数以及测试频率列表的值，来控制删除的是哪个频率，如图 11.21 所示。其中选中的是需要删除的频率，将删除频率后的数组连线到频率数组的全局变量，同时将其转换成字符串并显示为测试频率列表。

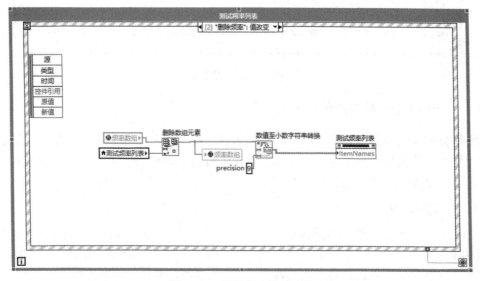

图 11.20　删除频率按钮事件

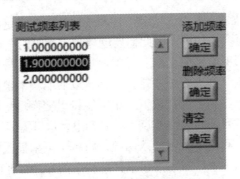

图 11.21　选中需要删除的频率

　　添加清空按钮的事件结构，程序框图如图 11.22 所示。利用空数组来清空频率数组全局变量与测试频率列表。需要注意的是，当空数组的维数以及其中的值显示为灰色时才是空数组。空数组的创建在函数选板中的"编程"→"数组"→"数组常量"中，将其放置到程序框图上以后显示的是未与任何数据类型相关联的数组。在函数选板中单击"编程"→"数值"→"DBL 数值常量"，再单击数组常量，即可创建一个数值类型的空数组了。

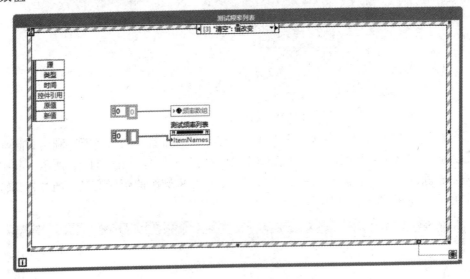

图 11.22　清空按钮事件

11.3.2　网络分析仪控制子 VI 的编写

　　网络分析仪的控制需要发送很多的控制协议，程序框图占用面积大，而且，需要在采集控制软件中的多处进行调用。例如，测试开始时的初始化，定点位置采集时的初始化等，特别适合开发成通用的子 VI。

1．通信协议说明

　　新建 VI，另存为"InitializePNA.vi"。在编写通信协议之前，应该会使用网络分析仪，查找到网络分析仪的编程手册，该手册可以在仪表生产商的官方网站上免费下载，或者在仪表的 help 目录下直接选择对应的通信协议。控制网络分析仪需要的通信协议如表 11-1 所示。

表 11-1　控制网络分析仪重要的通信协议

序　号	通　信　协　议	说　　　明
1	*CLS;	清总线
2	DISP:WIND1:TRAC OFF	关闭扫描线
3	DISP:ENAB 0	关闭显示
4	DISP:WIND1:ENAB 0	关闭窗口
5	DISP:WIND1:TITL:DATA "Controlled by auto antena test system .."	设置窗口标题
6	CALC:PAR:DEl:ALL	删除所有曲线
7	CALC:PAR:DEF "A",B	定义曲线
8	DISP:WIND1:TRAC1:FEED "A"	显示曲线
9	CALC:PAR:SEL "A"; CALC:FORM MLOG;	选择曲线并设置为 log 显示
10	SENS:BWID:TRAC ON	在低频时减小中频带宽
11	SENS:BWID　0.00000kHz	设置中频带宽
12	SENS:AVER ON	点平均打开
13	SENS:FOM 0	隐藏段扫描设置
14	SENS:AVER:COUN 0.000000	点平均
15	SENS:SEGM:DEL:ALL	删除段扫描
16	SENS:SEGM:ADD	添加段
17	SENS:SEGM:SWE:POIN 1	段扫描点数
18	SENS:SEGM ON	打开段扫描功能
19	SENS:SEGM:FREQ:STAR 10.0000000000GHz	段扫描开始频率
20	SENS:SEGM:FREQ:STOP 10.0000000000GHz	段扫描结束频率
21	SENS:SWE:TYPE SEGM	设置段扫描类型
22	TRIG:SOUR IMM	触发源内部
23	SENS:SWE:MODE CONT	连续扫描
24	SENS:SWE:MODE HOLD	扫描停止
25	CONT:SIGN BNC1	单次触发
26	TRIG:SOUR EXT	外触发模式
27	TRIG:SCOP CURR	触发当前通道
28	SENS:SWE:TRIG:POIN ON	点扫描
29	SENS:SWE:GRO:COUN 1	通道触发

续表

序 号	通 信 协 议	说 明
30	CONT:SIGN:TRIG:OUTP 1	使能输出触发 ready 脉冲
31	TRIG:READ:POL HIGH	触发完成后高电平有效
32	CONT:SIGN BNC1,TIEPOSITIVE	BNC 外触发，上升沿触发
33	SENS:SWE:MODE CONT	连续扫描
34	SENS:SWE:MODE SING	单次扫描
35	SENS:PATH:CONF:SEL "Default"	选择默认的中频路径配置
36	OUTPUT ON/OFF	射频开、关
37	SENS:FOM:RANG2:COUP 0	第二段扫描不耦合
38	SYST:FIFO:DATA?	读 FIFO 数据
39	CALC:DATA?	读接收机数据

2. 初始化

将仪表开机，使用 MAX 找到仪表，在新建的 VI 程序框图上放置一个 VISA 写入函数，用来创建超时的属性节点，并且调试需要的每个通信控制协议，由于程序框图代码太长，所以下面将其分成三个截图进行讲解。

第一段的程序框图如图 11.23 与图 11.24 所示，设置了输入控件"接收机地址"，方便后期更换仪表地址。同时设置了接收机通道控制"receiver"文本下拉框，用来选择需要测试的接收机；利用格式化写入字符串，将 BWID 中的频带宽、点平均次数、功率输入控件转换成字符串的形式；将 VISA 的输入与输出全部连接在一起，程序执行过程中将从左至右依次执行，可以对每个命令单独调试，也可以加亮进行调试。(注：本书部分插图原图较大，因版面限制对图进行了适当缩小，可扫二维码放大看图。)

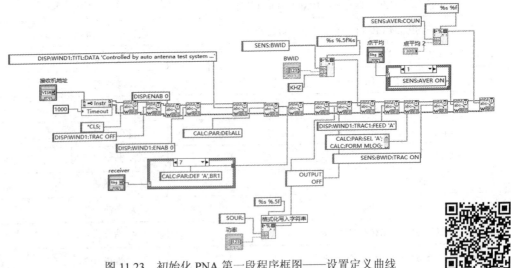

图 11.23　初始化 PNA 第一段程序框图——设置定义曲线

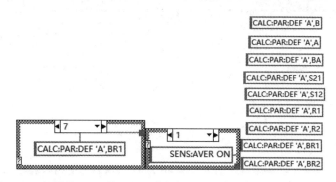

图 11.24　初始化 PNA 第一段程序框图——条件选择分支与接收机命令

　　第二段程序框图如图 11.25 所示，段扫描设置是网分的关键设置，可设置非等间隔的多个测试频率。利用 for 循环，根据频率数组的长度，自动索引每个频率，每个频率定义为一个段，进行循环设置。

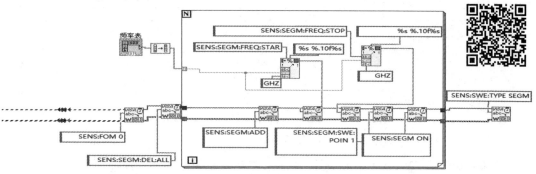

图 11.25　初始化 PNA 第二段程序框图——设置段扫描测试模式

　　第三段程序框图如图 11.26 所示，利用枚举选择与下拉列表选择不同的工作模式，使用 TRIGGER 改变条件结构的运行命令。外触发、内触发、连续触发与点触发的程序框图如图 11.27～图 11.29 所示。

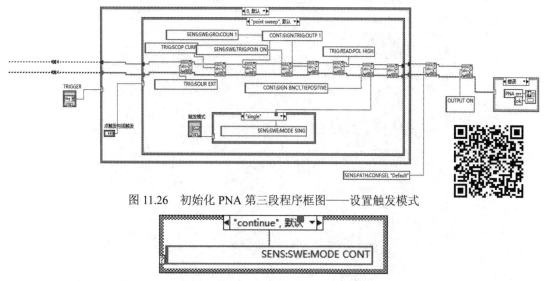

图 11.26　初始化 PNA 第三段程序框图——设置触发模式

图 11.27　初始化 PNA 第三段程序框图——设置连续扫描模式

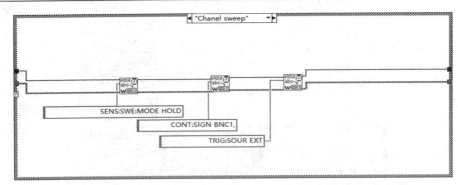

图 11.28　初始化 PNA 第三段程序框图——设置触发模式——外触发

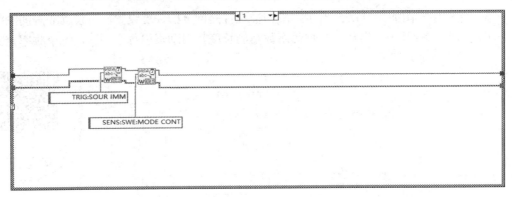

图 11.29　初始化 PNA 第三段程序框图——设置触发模式——内触发

切换到初始化 PNA 的程序前面板，使用连线板连接所有的输入控件，如图 11.30 所示。保存子 VI，在主程序框图中创建一个 while 循环的事件结构，将刚保存的子 VI 添加到该事件结构中，去掉属性中的"显示为图标"，可以看到设置的全部接线端子，此时，该"InitializePNA.vi"子 VI 函数就写好了，如图 11.31 所示。

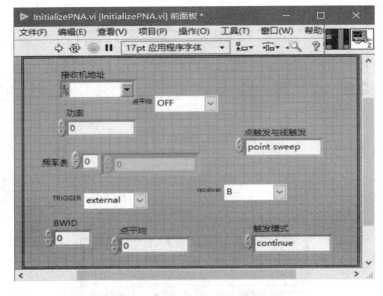

图 11.30　初始化 PNA 子 VI 前面板

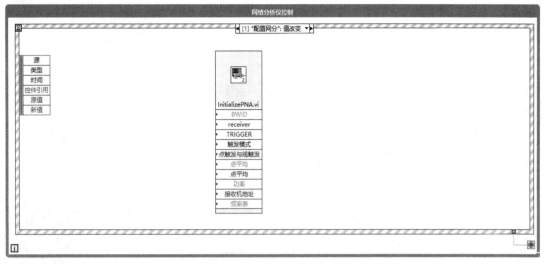

图 11.31　初始化 PNA 子 VI 放置到主程序事件结构中

3. 混频倍频

上面所讲述的是初始化 PNA 子 VI 函数的编写，适用于不需要混频的测试系统，测试时一般使用 S21 的模式。在本系统中高于 40 GHz 时需要用到外混频的功能，利用网络分析仪给混频器发出射频与本振信号，混频器生成中频信号接入测试接收机。因此，需要将 PNA 设置为混频模式，设置混频模式的过程与初始化 PNA 中的设置过程不同，另外，需要网分具备频率偏置与中频输入的选件。初始化 PNA 混频模式的子 VI 前面板，如图 11.32 所示。子 VI 的建立过程不再重复赘述。

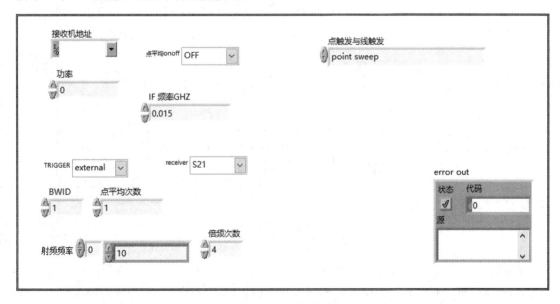

图 11.32　初始化 PNA 混频模式子 VI 前面板

由于初始化 PNA 混频模式子 VI 的程序框图面积较大，因此将其分成五段进行讲解。

第一段程序框图如图 11.33 所示。

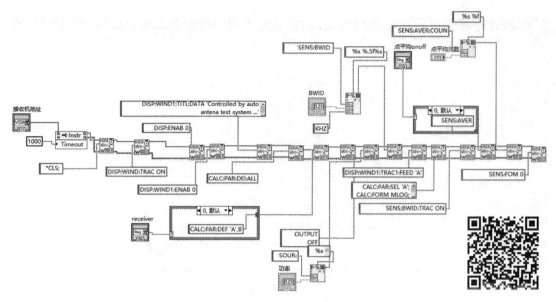

图 11.33　初始化 PNA 混频模式子 VI 程序框图——第一段程序

第二段程序框图有所不同，在这里需要设置本振的频率，通过需要的混频器谐波次数与中频频率计算出需要的射频输出的频率，设置射频输出频率后，网络分析仪后面板本振源的出口频率会自动设置完成，如图 11.34 所示。

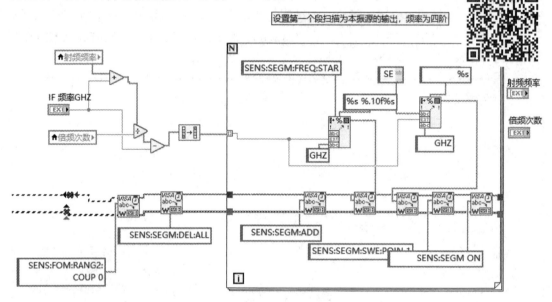

图 11.34　初始化 PNA 混频模式子 VI 程序框图——第二段程序

在第三段程序框图中需要设置另外一个段扫描，该段扫描用来设置需要的射频频率。射频频率与倍频次数相关，也就是扩频模块使用的射频倍频次数。射频频率被设置后，网络分析仪中的信号源的输出频率就是扩频模块需要的射频频率，网分的射频频率就是天线的频率除以倍频次数，如图 11.35 所示。

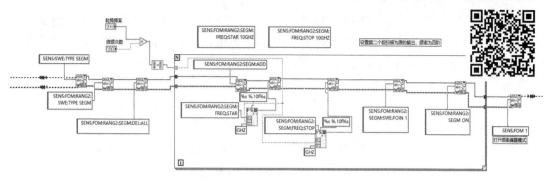

图 11.35　初始化 PNA 混频模式子 VI 程序框图——第三段程序

第四段程序框图用来设置网络分析仪的触发模式，外触发通道扫描模式、内触发与外触发点扫描模式，点扫描是网络分析仪在收到外部触发脉冲时，每收到一个脉冲信号就会进行一个频点的数据采集，而外触发通道扫描是网络分析仪在接收到一个外部触发脉冲时就会扫描所有的测试频点，程序框图如图 11.36～图 11.38 所示。

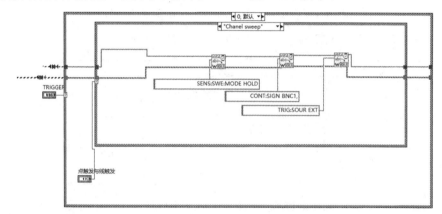

图 11.36　初始化 PNA 混频模式子 VI 程序框图——第四段程序——外触发

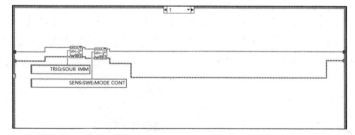

图 11.37　初始化 PNA 混频模式子 VI 程序框图——第四段程序——内触发

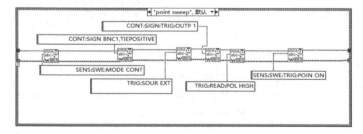

图 11.38　初始化 PNA 混频模式子 VI 程序框图——第四段程序——外触发点扫描

第五段程序是用来设置中频的测试路径以及中频的频率，网络分析仪的中频测试路径开关默认切换为网分的内部，若使用网分的外部中频接口，需要将中频的测试路径开关切换至外部。可在网络分析仪的 IF PATH 的配置里面进行设置，设置完成后，需要在软件程控模式下发送保存配置的命令，如图 11.39 所示。保存设置的配置后就可以读取当前的配置信息了。网络分析仪有默认的中频路径开关，将其全部切换到内部的"Default"这一项配置上，读取到的配置信息还应包含使用软件新存储的配置名称"Mymixer"。读取配置信息的程序框图如图 11.39 的右图所示。混频模式与默认模式之间的切换是很重要的，尤其在切换 1～40 GHz 频段与 40～60 GHz 的频段时，由于二者混频模式不同，因此需要切换中频路径的开关选项，如图 11.40 所示。

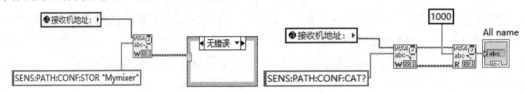

图 11.39　保存中频路径配置与读取配置的框图

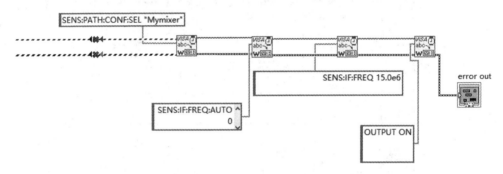

图 11.40　初始化 PNA 混频模式子 VI 程序框图——第五段程序

4. FIFO 控制

FIFO(先进先出的快速存储内存)是网络分析仪的一个硬件选件，用来快速存储测试数据，可用内存量巨大，并且可以随时被读取，读取完成之后就被释放掉，从而可提高测试效率。因此，需要控制 FIFO 的开关以及读取 FIFO 状态的函数，程序框图如图 11.41 所示。

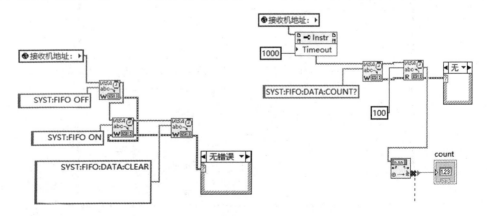

图 11.41　FIFO 打开、关闭、读取点数函数的程序框图

5. 读取接收机数据

网络分析仪将在普通模式下采集的数据存储在寄存器中，数据格式是虚数的形式。在网分的屏幕上显示的数据是经过内部计算后再显示给用户的幅度相位。因此，读取接收机的数据后，需要将读取的数据进行转换才能显示为幅度与相位，如图 11.42 所示。而在使用 FIFO 的工作模式时，需要读取 FIFO 的内存数据。尽管使用的通信协议不同，但是幅度相位转换的方式相同，如图 11.43 所示。当然，网分的通信协议中有直接读取幅度或相位的通信命令，但是不建议使用，因为读取完幅度再读取相位，需要发送两次通信控制协议，计算机发送一次通信协议的时间在 10 ms 左右，在对测试效率要求极高的采集测试过程中，这样做会影响测试效率，而读取虚数的数据只需要发送一次通信协议。

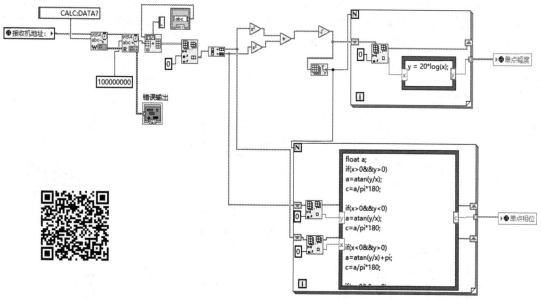

图 11.42　读寄存器测试数据

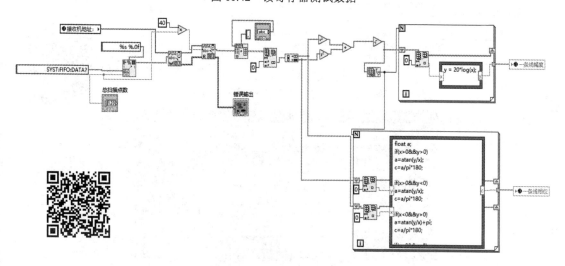

图 11.43　读 FIFO 内存数据

11.4 RTC 控制编程

RTC 的全称是系统实时控制单元,作用是同步测试系统的时序关系。本测试系统中需要使用 RTC 触发网络分析仪进行 FIFO 数据的测试。RTC 的通信接口是基于 TCP/IP 的 Socket 通信。新建 VI 另存为"RTC_controll.vi",将此 VI 设计成子 VI 的模式。使用网线连接控制计算机与 RTC 的网络接口,利用 MAX 工具找到 RTC 的地址,根据通信协议进行 VISA 编程,发送需要的控制字符串,这里需要注意的是,Socket 编程通信协议的终止符为"\n"。由于程序框图较长,因此分成了两段程序,如图 11.44 与图 11.45 所示。在每个 VISA 函数的连接点处使用了顺序结构进行延时,每个协议发送以后 RTC 需要响应时间,设置的输入控件包括内部脉冲源、外部脉冲源以及脉冲触发的个数。RTC 控制子 VI 的前面板如图 11.46 所示。RTC 的通信协议说明如表 11-2 所示。

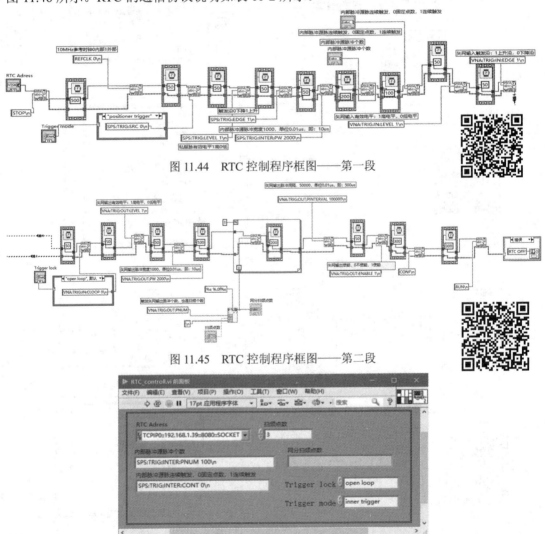

图 11.44 RTC 控制程序框图——第一段

图 11.45 RTC 控制程序框图——第二段

图 11.46 RTC 控制子 VI 前面板

表 11-2　RTC 通信协议说明

序 号	通 信 协 议	说　　明
1	STOP\n	停止运行 RTC
2	REFCLK 0\n	10 MHz 参考时钟，0 代表内部，1 代表外部
3	SPS:TRIG:SRC 1\n	外触发模式
4	SPS:TRIG:SRC 0\n	自触发模式
5	SPS:TRIG:LEVEL 1\n	外触发的脉冲电平设置，有效电平 1 代表高电平，0 代表低电平
6	SPS:TRIG:EDGE 1\n	触发沿，0 代表下降，1 代表上升
7	SPS:TRIG:INTER:PW 2000\n	内部脉冲源脉冲宽度 1000，单位为 0.01 μs，即 10 μs
8	SPS:TRIG:INTER:PNUM 100\n	内部脉冲源脉冲个数
9	SPS:TRIG:INTER:CONT 0\n	内部脉冲源连续触发，0 代表固定点数，1 代表连续触发
10	VNA:TRIG:IN:LEVEL 1\n	矢网输入有效电平，1 代表高电平，0 代表低电平
11	VNA:TRIG:IN:EDGE 1\n	矢网输入触发沿，1 代表上升沿，0 代表下降沿
12	VNA:TRIG:IN:CLOOP 0\n	矢网开环触发
13	VNA:TRIG:IN:CLOOP 1\n	矢网闭环触发
14	VNA:TRIG:OUT:LEVEL 1\n	矢网输出有效电平，1 代表高电平，0 代表低电平
15	VNA:TRIG:OUT:PW 2000\n	矢网输出脉冲宽度 1000，单位为 0.01 μs，即 10 μs
16	VNA:TRIG:OUT:PNUM 3\n	网分扫频点数
17	VNA:TRIG:OUT:PINTERVAL 100000\n	矢网输出脉冲间隔为 50 000，单位为 0.01 μs，即 500 μs
18	VNA:TRIG:OUT:ENABLE 1\n	矢网输出使能，0 代表不使能，1 代表使能
19	CONF\n	配置参数
20	RUN\n	运行 RTC

　　在主程序的程序框图中创建 while 循环与事件结构，同时在主界面前面板的"源与 RTC 配置中"的选项卡界面创建一个布尔按钮控件，修改标签名称为"RTC 控制"，编辑该按钮的事件为值改变。在事件结构中调用"RTC_controll.vi"到程序框图中，把 RTC 地址局部变量与接线端子相连接，并创建"Tigger lock""Trigger mode"以及"扫频点数"输入控件，

如图 11.47 所示。切换至前面板，将新创建的输入控件拖放到合适的位置，如图 11.48 所示。

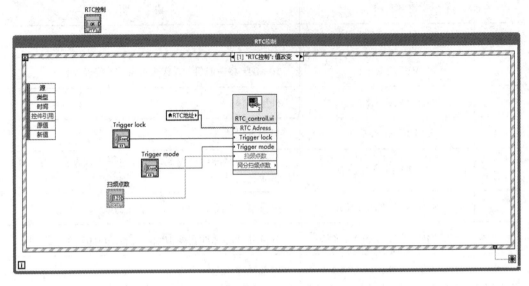

图 11.47　RTC 控制子值改变程序框图

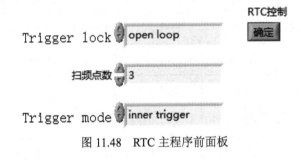

图 11.48　RTC 主程序前面板

11.5　转台控制编程

上文中提到，转台的程控采用 API 接口函数，以动态链接库 dll 函数的形式进行调用，通过网络接口进行控制。根据 dll 函数的说明书，使用的函数相对简单，包括读取转台的角度位置、设置转台的目标位置、目标速度、运行转台、读取运行状态、停止转台。本系统软件需要控制的转台形式为方位俯仰二维转台，那么需要控制的轴有两个。方位轴的运动范围是 ±180°，速度是 0～6°/s，俯仰轴的运动范围是 ±45°，速度范围是 0～3°/s。转台控制不需要创建子 VI 函数，转台控制程序可以直接在主界面前面板中的"主程序选项卡"→"手动控制"界面下直接进行编写。

首先，创建三个布尔按钮，分别将标签名称修改为"运行""停止""方位轴置零"，然后切换到程序框图界面，创建基于 while 循环的事件结构，并分别编辑三个按钮的值改变事件，如图 11.49 所示。事件结构编辑完成后，需要编写调用转台的控制函数，用 LabVIEW 中的调用 dll 函数的方法创建转台需要使用的函数，如图 11.50 所示。

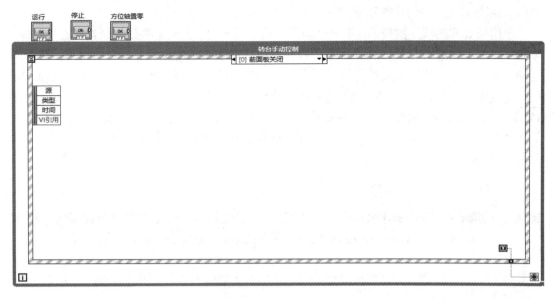

图 11.49　转台手动控制事件结构

TurntableCtl.dll:GetAzValue　TurntableCtl.dll:MoveAz　TurntableCtl.dll:GetAzAutoType　TurntableCtl.dll:AzStop　TurntableCtl.dll:setAZzero

TurntableCtl.dll:GetElValue　TurntableCtl.dll:MoveEl　TurntableCtl.dll:GetElAutoType　TurntableCtl.dll:ElStop

图 11.50　转台控制函数

在主界面上分别创建多个输入控件，文本下拉列表框"运行转台轴"用来选择轴的控制，数值输入框"目标角度(deg)""速度(deg/s)"、数值显示框"当前位置(deg)"，另外，需要创建一个"停止转台"布尔标识，并排列整齐，如图 11.51 所示。

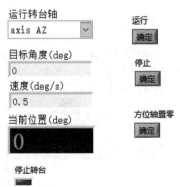

图 11.51　转台控制的控件

编写运行转台的程序，设计思路为通过轴的选择，单独控制方位轴或者俯仰轴，按照输入的目标角度、速度进行运行。运行到目标位置后，停止运行，返回运行类型为 0。程序框图如图 11.52～图 11.55 所示。

使用层叠式的顺序结构，在第一个顺序结构 0 分支里，使用条件结构来选择控制的轴，如图 11.52 条件结构的 0 分支。程序运行时，先读取当前轴的位置并显示给用户，转台的运动为相对运动方式，需要计算目标角度与当前位置的角度差，在运行函数时需要输入速度与角度差。接着，调用 MoveAz 函数运行转台，层叠式循环结构运行到第 1 分支，如图 11.53 所示。利用 while 循环实时读取转台的当前角度与运行状态，当"GetAzAuto Type"等于 0 时，转台运行到目标位置，停止 while 循环。俯仰轴的控制与方位轴相似，如图 11.54 与图 11.55 所示。

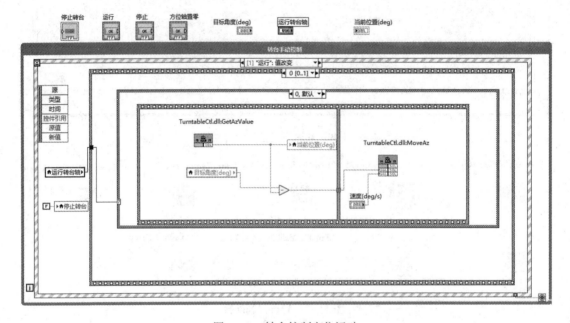

图 11.52　转台控制方位运动

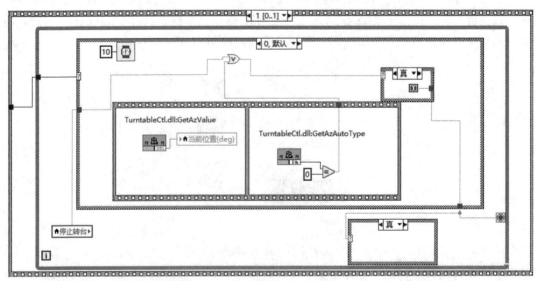

图 11.53　转台控制读方位角度与状态

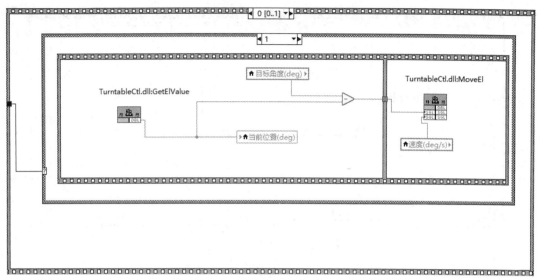

图 11.54　转台控制俯仰运动

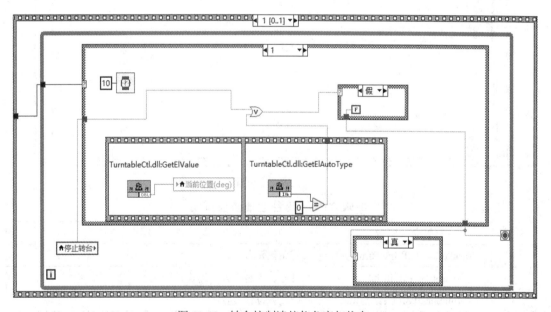

图 11.55　转台控制读俯仰角度与状态

　　程序框图中使用局部变量进行值传递，利用"停止转台"布尔值来判断是否停止。在运行按钮事件被触发后，将"停止转台"布尔按钮设置为假，在"停止"事件结构分支中，单击停止按钮触发"停止"事件结构时，将"停止转台"布尔按钮设置为真。这样 while 循环遇到停止转台的按钮事件后将停止 while 循环。停止转台的事件结构中用了条件选择分支，根据前面板的"运行转台轴"选择停止哪个轴，如图 11.56 所示。除此以外，转台的方位轴具有任意位置置零的功能，在方向图测试时一般需要把最大值位置置零，程序框图如图 11.57 所示。转台的通信协议如表 11.3 所示。

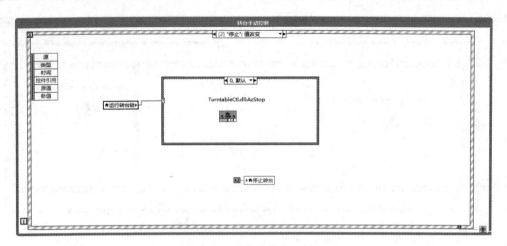

图 11.56　转台控制停止转台

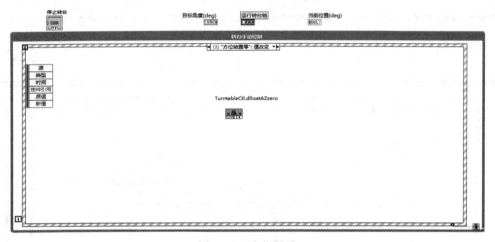

图 11.57　方位置零

表 11-3　转台通信协议说明

序　号	通　信　协　议	说　　　明
1	TurntableCtl.dll:InitTurntable	初始化转台
2	TurntableCtl.dll:IsLoc	询问转台是否处于远程控制状态
3	TurntableCtl.dll:GetAzValue	读取方位轴位置
4	TurntableCtl.dll:GetElValue	读取俯仰轴位置
5	TurntableCtl.dll:MoveAz	运行方位轴，需要输入相对角度与运行速度
6	TurntableCtl.dll:MoveEl	运行俯仰轴，需要输入相对角度与运行速度
7	TurntableCtl.dll:GetAzAutoType	读取方位轴的运行状态，0 为停止
8	TurntableCtl.dll:GetElAutoType	读取俯仰轴的运行状态，0 为停止
9	TurntableCtl.dll:AzStop	停止方位轴
10	TurntableCtl.dll:ElStop	停止俯仰轴
11	TurntableCtl.dll:setAZzero	设置方位轴的当前位置为 0

11.6　扫描架控制编程

　　扫描架需要控制的轴有 X 轴、Y 轴、Roll 轴、Z 轴，X 轴的行程是 ±2.45 m，Y 轴的行程是 ±2.4 m，Roll 轴的行程是 0～360°，Z 轴的行程是 0～250 mm。在测试过程中测试扫描轴为 Y 轴，测试步进轴为 X 轴，Z 轴用来调整近场的测试距离，Roll 轴调整测试极化。扫描轴根据扫描范围与扫描间隔，发送同步脉冲信号进行数据采集同步，因此，在测试中需要控制扫描脉冲的参数，在手动控制时，需要控制扫描架的目标位置模式。

　　同样在主程序框图中创建 while 循环与事件结构，如图 11.58 所示。在前面板上创建"扫描轴""目标位置(mm)""速度(mm/s；deg/s)""Roll 轴方向""当前位置(mm/deg)""当前速度""运行扫描架""停止扫描架"控件，如图 11.59 所示。可以通过改变输入与显示控件的背景色与字体颜色设计不同的显示效果。

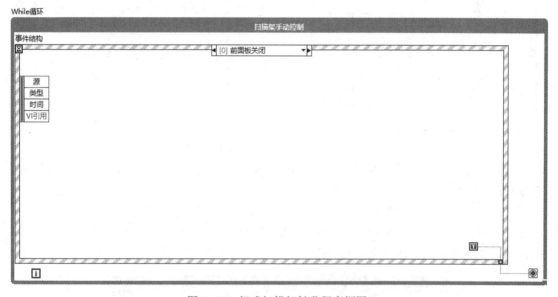

图 11.58　组成扫描架触发程序框图

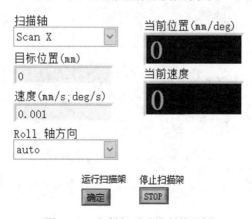

图 11.59　扫描架手动控制前面板

编写运行扫描架按钮事件下的程序框图，如图 11.60 所示。扫描架的通信使用 VISA 函数，创建一个全局变量"扫描架地址："，使用 VISA 写入函数写入通信协议。包括控制轴、目标位置、速度、运行轴使能；利用 while 循环读取位置与速度信息，通过速度判断作为停止 while 循环的条件。在两次发送通信协议之间设置了 50 ms 的延时时间，作为扫描架控制器的响应时间。

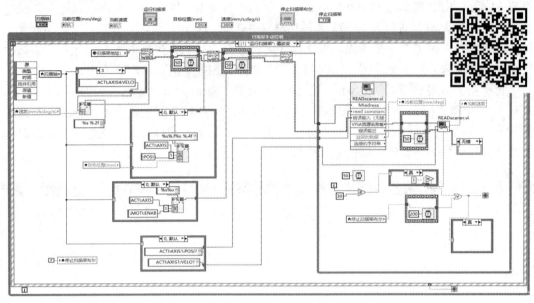

图 11.60　运行扫描架按钮值改变程序框图

读者可能在程序框图中看到了子 VI "READscaner.vi"，该子 VI 的前面板和程序框图，分别如图 11.61 与图 11.62 所示。通过 while 循环每次读取一个字节的字符，并将读取的字节连接起来，遇到 "/n" 终止符号停止 while 的循环。"/n" 终止符是双方通信协议约定的命令终止符，程序框图中使用了 VISA 清空缓冲区的函数，避免网络通信中的内存堆积导致读取的数据与扫描架实时返回的数据不一致。停止按钮的程序框图如图 11.63 所示。

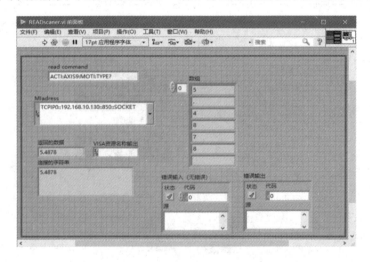

图 11.61　READscaner 子 VI 前面板

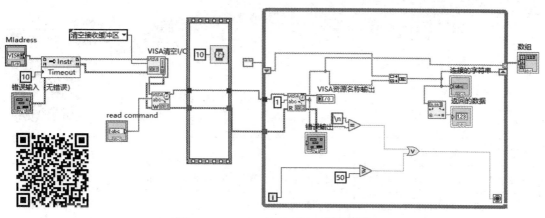

图 11.62　READscaner 子 VI 程序框图

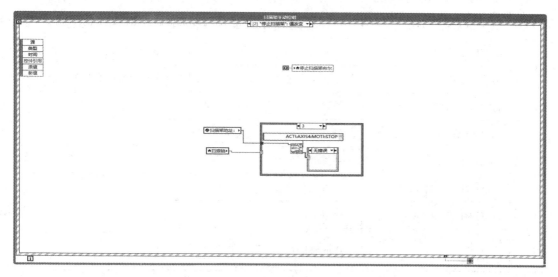

图 11.63　停止扫描架按钮值改变事件

　　扫描架在测试过程中需要根据用户的设置，控制并发送同步脉冲的参数，如图 11.64 与图 11.65 子 VI 所示。需要打开对应扫描轴的控制脉冲，设置脉冲的开始位置、脉冲步进与脉冲终止位置。扫描架通信协议说明如表 11-4 所示。

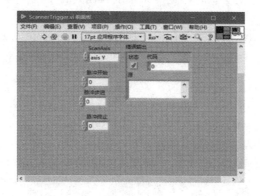

图 11.64　ScannerTrigger 子 VI 前面板

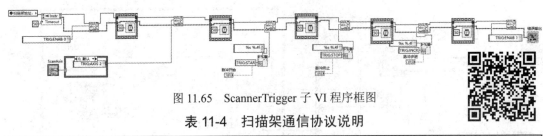

图 11.65　ScannerTrigger 子 VI 程序框图

表 11-4　扫描架通信协议说明

序号	通 信 协 议	说　　　　明
1	ACTI:AXIS1:POSI 0.0000	目标位置，1、2、3、4 分别表示 X 轴、Y 轴、Z 轴与 Roll 轴
2	ACTI:AXIS1:VELO 0.00	运行速度，1、2、3、4 分别表示 X 轴、Y 轴、Z 轴与 Roll 轴
3	ACTI:AXIS1:MOTI:ENAB	开始运行，1、2、3、4 分别表示 X 轴、Y 轴、Z 轴与 Roll 轴
4	ACTI:AXIS1:POSI?	在当前轴的位置，1、2、3、4 分别表示 X 轴、Y 轴、Z 轴与 Roll 轴
5	ACTI:AXIS1:VELO?	当前轴的速度，1、2、3、4 分别表示 X 轴、Y 轴、Z 轴与 Roll 轴
6	ACTI:AXIS4:MOTI:STOP	停止某个轴，1、2、3、4 分别表示 X 轴、Y 轴、Z 轴与 Roll 轴
7	TRIG:ENAB 0/1	脉冲关闭，0 代表关闭，1 代表打开
8	TRIG:AXIS 2	脉冲轴
9	TRIG:STAR 0.0000	脉冲开始位置
10	TRIG:STOP 0.0000	脉冲结束位置
11	TRIG:INCR 0.0000	脉冲间隔
12	ACTI:AXIS4:MOTI:POSI 0.0000,A	Roll 轴的运动方向与位置设置

11.7　定点采集的实现

在转台或者扫描架静止状态时，定点采集的作用是控制射频系统进行实时的幅度与相位采集，这个静止的状态一般是天线波束的最大位置或者其他的扫描角度位置。有时候需要采集测试系统射频在闭环时的幅度相位数据，这样做的目的是在测试状态下查看系统的动态范围与测试系统的稳定度；另外，可以查看测试系统随时间的幅度、相位飘移，也可以理解成温度飘移。

本系统中的定点采集需要控制矢量网络分析仪发射射频信号，在 1～40 GHz 时，采用内混频的 S21 测试模式进行定点采集；在 40～60 GHz 时，采用外混频的模式进行定点采集。因此，需要调用初始化接收机的子 VI 与混频倍频的子 VI；另外，需要读取接收机数据的子 VI，采集的幅度与相位需要用画图与显示控件，这样可将定点采集的数据实时显示给用户。

在主程序前面板中的"主程序选项卡"控件的"接收机定点采集"选项卡上实现这个

功能。创建两个布尔按钮，并修改布尔按钮标签的名称分别为"采集"与"停止采集"，在程序框图界面选择合适的位置创建一个新的 while 循环与事件结构。编辑"采集"按钮的触发事件为"值改变"。按下采集按钮后，执行该采集按钮下的事件流程。定点采集需要按照频率与功率的设置初始化网络分析仪，当然，还包括网络分析仪的其他相关参数的初始化。初始化网络分析仪后，需要实时读取并显示其幅度与相位，程序框图中使用循环来实现实时读取功能。

采集值改变对应按钮的事件触发下的程序框图中使用了四个层叠式顺序结构的分支，层叠式顺序结构分支 0 的程序框图如图 11.66 所示。其中包含两个主要设置，一个是把一维幅度与相位数组进行数据清空；另一个是使用了采集按钮的属性节点"禁用"，当采集按钮被单击后，该按钮变成灰色禁用模式，这样做的目的是防止用户多次单击该按钮。LabVIEW 具有触发动作寄存功能，如果按钮在未被禁用的前提下，被用户连续单击三次，第一次被执行后，会紧接着执行第二次、第三次，这样容易引起程序与用户操作逻辑冲突，因此，采用"禁用并变灰"按钮的形式可防止误触发。

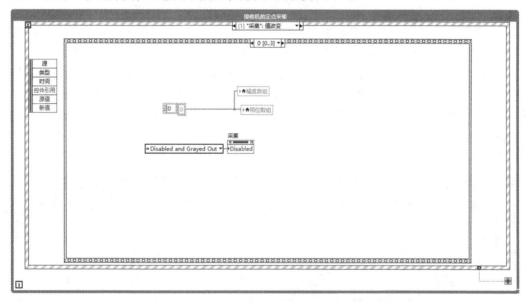

图 11.66　"'采集'：值改变"事件 VI 程序框图——层叠式顺序结构分支 0

层叠式顺序结构分支 1 的程序框图如图 11.67 与图 11.68 所示。添加了一个枚举类型的输入控件，位于前面板中的"新式"→"下拉列表与枚举"中的"枚举"中，通过输入控件进行测试频段选择，对应条件选择结构分支中的 1～40 GHz 与 40～60 GHz。

在 1～40 GHz 条件分支中，调用了子 VI 函数"InitializePNA.vi"，调整 VI 属性节点的显示设置，将 VI 的接线端子全部清晰地展示出来，并给所有的接线端子创建输入控件。除了新建的输入控件外，程序框图中还有一个"网络分析仪地址"局部变量，是主界面的"文件与仪器配置"选项卡中的"网络分析仪地址"的局部变量；另外，还使用了"删除数组元素"与"创建数组"两个函数；调用了主界面选项卡"源与 RTC 配置"中的"测试频率列表"中的频率数组，根据测试频率列表中的不同频率的选择来设置网分的频率，这样做就可以与频率列表中的测试频率相关联。将需要采集的频率通过删除数组元素函数删除，并通过"创建数组"函数连接到"频率表"的接线端子，"频率表"的接线端子的类型是一维数组，因此，需要"创建数组"函数将删除的频率转换为一维数组。

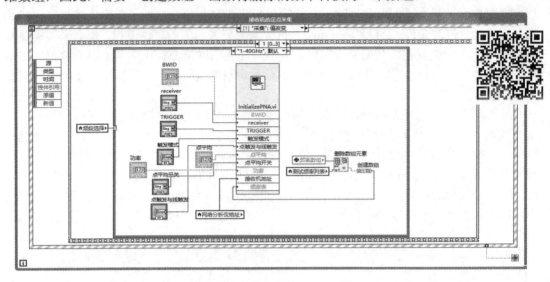

图 11.67　"'采集'：值改变"事件 VI 程序框图——层叠式顺序结构分支 1(1～40 GHz)

在 40～60 GHz 的条件选择分支中进行与 1～40 GHz 条件分支中的程序框图一样的设置。接线端子的输入控件使用图 11.68 中所示的输入控件的局部变量，其中不同的是"IF 频率 GHz"以及"倍频次数"。系统默认设置为 0.015 MHz 与四次倍频模式，因此，创建了数值常量。另外，在"error out"的输出节点处，使用条件选择框进行连接，对初始化过程中的通信错误暂时不做提示和处理，在下一个顺序结构分支中，读取接收机数据时进行判断。

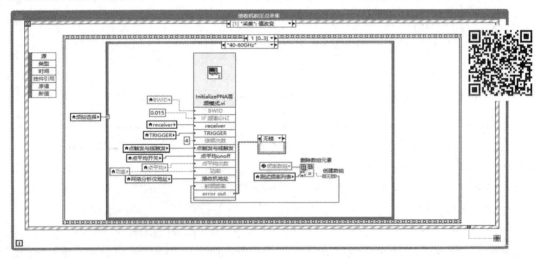

图 11.68　采集值改变事件 VI 程序框图——层叠式顺序结构分支 1(40～60 GHz)

层叠式顺序结构分支 2 的程序框图如图 11.69 所示。使用了三个分支的平铺式顺序结构，第一个分支中调用了"readSDATA.vi"读取接收机数据的函数，读取数据后，在第二个顺序结构分支中，可以看到一维数组全局变量"单点幅度"与"单点相位"。这两个全局变量来自于"readSDATA.vi"的程序框图，全局变量的创建参考本书前面的章节。利用"删除数组"函数以及"创建数组"函数生成需要绘图的"幅度数组"与"相位数组"，其中"删除数组"函数把单点幅度与单点相位中需要显示的数据剔除出去，而"创建数组"函数使用了属性中的"连接"方式，使用"创建数组"函数进行数据的连接。"幅度数组"与"相位数组"在图 11.66 中进行了清空，这两个控件是显示控件的局部变量。在第三个顺序结构分支中创建了两个波形显示控件，用来实时显示连接的幅度与相位曲线，把创建的"幅度数组"与"相位数组"的局部变量传递给波形图控件。

在平铺式顺序结构外，使用了 while 循环，每间隔 200 ms，进行一次数据的读取，当"readSDATA.vi"通信协议有错误发生时，使用条件结构中的"错误"分支，创建一个"真"常量的布尔值，当出现错误时为真，终止 while 循环，并使用了逻辑"或"函数，与"停止采集"按钮的动作合并，作为结束循环的选择，也就是在出现错误或单击"停止采集"按钮时，停止循环。

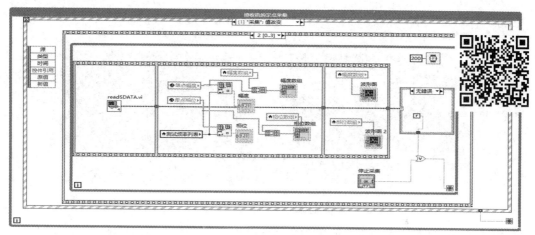

图 11.69　"'采集'：值改变"事件 VI 程序框图——层叠式顺序结构分支 2

层叠式顺序结构分支 3 的程序框图如图 11.70 所示。调用了采集按钮属性节点中的"禁用"选项，激活采集按钮，可进行下一次的实时采集工作。

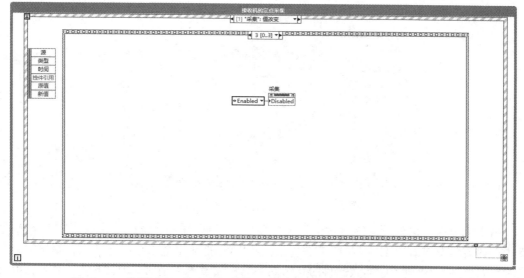

图 11.70　"'采集'：值改变"事件 VI 程序框图——层叠式顺序结构分支 3

　　程序框图对应的前面板输入控件如图 11.71 所示。调整输入与显示控件的位置、大小，将布尔按钮的"布尔文本"分别修改为"采集"与"停止采集"，将不需要显示的显示控件拖放到程序面板的边缘位置隐藏起来。

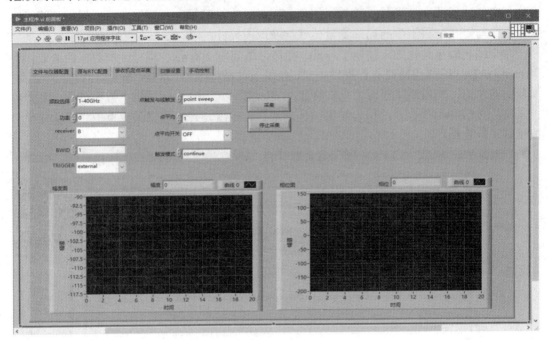

图 11.71　接收机定点采集

　　至此，已经实现了定点采集的单频率测试以及曲线显示。下面增加一个多频率幅度、相位实时查看的功能。

　　在主界面程序面板采集与停止按钮的右侧添加一个多列列表框，并修改标签的名称为"全部频率的幅度相位显示"，显示的内容是在频率数组中设置的全部频率的幅度、相位信息。如图 11.72 所示。

频率	Receiver	幅度	相位
1.000000000	B		
1.100000000	B		
1.200000000	B		
1.300000000	B		
1.400000000	B		
1.500000000	B		
1.600000000	B		
1.700000000	B		

全部频率的幅度相位显示

图 11.72　多列列表框显示幅度与相位

　　接下来需要对该列表框的显示信息进行编程。切换到程序框图，把层叠式顺序结构分支 1 的内容修改成如图 11.73 与图 11.74 所示的内容。把频率数组全部添加到初始化网分的子 VI 中，与前面不同，这样做的目的是给网络分析仪设置了全部的测试频点，网络分析仪通过扫频实现频率的切换，而前面的功能是从频率数组中删除需要设置给网络分析仪的单个频率，网络分析仪处于单点测试模式。

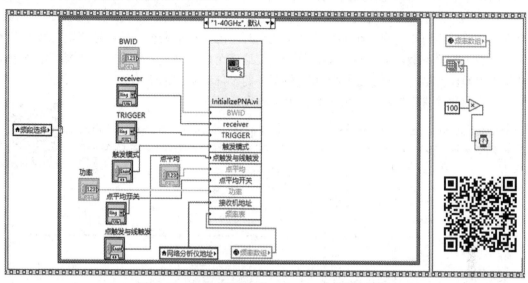

图 11.73　层叠式顺序结构 1～40 GHz 的程序框图

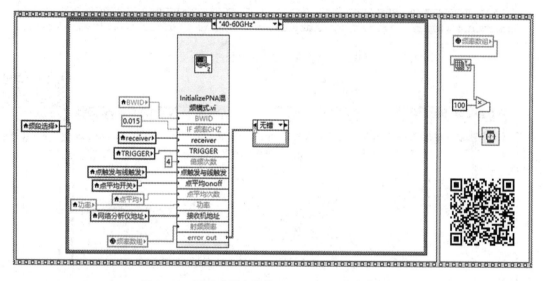

图 11.74　层叠式顺序结构 40～60 GHz 的程序框图

　　由于每个频率的设置都采用了段扫描的形式，需要发送的通信协议占用了一些通信时间，因此，利用数组长度的函数计算需要的延时时间，延时时间结束后，标志着段扫描设置完成，可以开始层叠式顺序结构分支 2 的内容：采集数据并显示。注意，如果延时时间过短会导致初始化网分的设置没有完成就进入读取网分数据的流程，会导致程序命令错误。读者可能会发现在这个程序结构中增加了一个顺序结构，目的是强制让初始化 VI 执行等待时间，读者也可以在调试过程中去掉顺序结构，验证程序的正确性。

　　在层叠式顺序结构分支 2 的内容中增加了一个层叠式顺序结构，如图 11.75 所示。在程序执行了读取数据以及单个频点绘图后，开始执行各个频率的幅度与相位，显示该层叠式顺序结构，如图 11.76 所示。利用属性节点来设置多列列表框的显示内容，调用前面板

"receiver"控件文本下拉列表框的属性节点"字符串与值",获得设置的接收机名称,利用属性节点中的字符串与值删除对应的字符串,并通过簇函数中的"按名称解除捆绑函数"提取到需要的字符串。有几个频率就产生几个频率的字符串数组,使用数值至小数字符串转换函数,将频率数组、单点幅度、单点相位这三个数值类型的全局变量转换成字符串,使用创建数组函数与二维数组转置函数将需要的全部频率的幅度相位显示的属性节点"项名"字符串格式进行连接,完成多列列表框的显示过程。

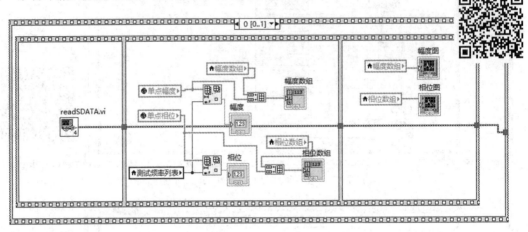

图 11.75 层叠式顺序结构分支 2——增加内嵌的层叠式顺序结构 0

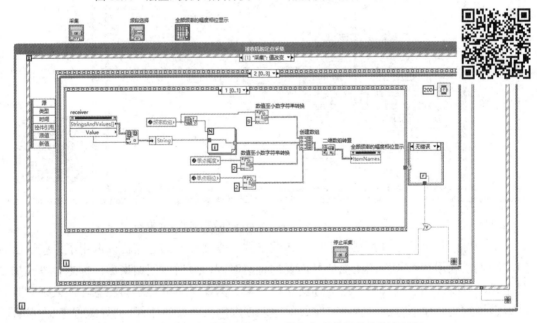

图 11.76 层叠式顺序结构分支 2——增加内嵌的层叠式顺序结构 1

至此,接收机定点采集功能就已经编程结束。当然,读者可能会想到采集的数据能否保存在文本文件中的问题,这个功能可参照本书第 5 章的内容进行编程即可。打开网络分析仪,添加仪器地址,设置频率列表的频率,设置接收机定点采集中的输入控件的相关参数后,单击采集按钮,测试结果如图 11.77 所示。

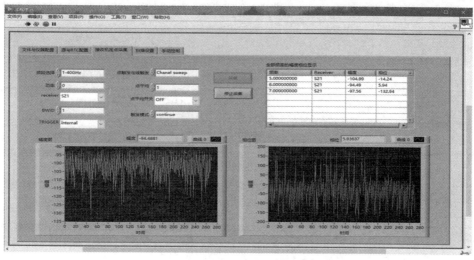

图 11.77　接收机定点采集测试结果

11.8　扫 描 设 置

扫描参数的设置包含转台与扫描架运行参数的设置，远场测试时，需要设置测试的轴、测试范围、速度、间隔等参数；近场测试时，根据测试天线的口径大小、测试距离，设置扫描范围、扫描轴、扫描间隔、速度等参数。

在前面板界面的"扫描设置"选项卡界面添加输入控件及显示控件，如图 11.78 所示。其对应的程序框图函数如图 11.79 所示。图 11.78 中左上方的"Farfield"→"Nearfield"为布尔控件的单选按钮，位于前面板的控件选板中的"布尔"→"单选按钮"中，它是用来选择当前需要进行远场测试还是近场测试的，对应着图 11.79 中的"单选按钮"。

图 11.78　扫描设置的输入控件与显示控件

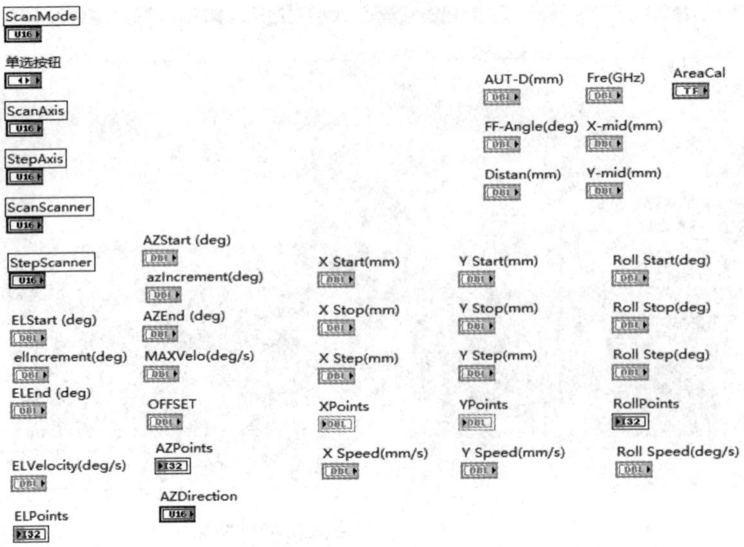

图 11.79 扫描设置的输入控件与显示控件程序框图

扫描设置选项卡中的控件参数配置如表 11-5 所示。

表 11-5 扫描设置选项卡中的控件参数配置

序号	名 称	控件类型	标签名称	属性参数设置
1	Farfield Nearfield	布尔按钮，输入控件	单选按钮	无
2	ScanAxis	文本下拉列表，输入控件	ScanAxis	编辑项：axis AZ，axis EL
3	StepAxis	文本下拉列表，输入控件	ScanAxis	编辑项：None，axis EL
4	AZStart (deg)	数值输入控件	AZStart (deg)	数据类型：双精度 数据输入：最大 360，最小 -360
5	azIncrement(deg)	数值输入控件	azIncrement(deg)	数据类型：双精度 数据输入：最大 10，最小 -10
6	AZEnd (deg)	数值输入控件	AZEnd (deg)	数据类型：双精度 数据输入：最大 360，最小 -360
7	AZPoints	数值显示控件	AZPoints	数据类型：长整型
8	AZDirection	文本下拉列表框，输入控件	AZDirection	编辑项：Positive(正向测试)，Negtive(反向测试)
9	MAXVelo(deg/s)	数值输入控件	MAXVelo(deg/s)	数据类型：双精度 数据输入：最大 5，最小 0.01
10	OFFSET	数值输入控件	OFFSET	数据类型：双精度
11	ELStart (deg)	数值输入控件	ELStart (deg)	数据类型：双精度 数据输入：最大 45，最小 -45
12	elIncrement(deg)	数值输入控件	elIncrement(deg)	数据类型：双精度 数据输入：最大 2，最小 -2
13	ELEnd (deg)	数值输入控件	ELEnd (deg)	数据类型：双精度 数据输入：最大 45，最小 -45
14	ELPoints	数值显示控件	ELPoints	数据类型：长整型

续表

序号	名　称	控件类型	标签名称	属性参数设置
15	ELVelocity(deg/s)	数值输入控件	ELVelocity(deg/s)	数据类型：双精度 数据输入：最大 3，最小 0.01
16	ScanMode	文本下拉列表框，输入控件	ScanMode	编辑项：Retrace(单向测试)，Bidirection (双向测试)
17	ScanScanner	文本下拉列表框，输入控件	ScanScanner	编辑项：Scan Y，Scan X，Scan Roll
18	StepScanner	文本下拉列表框，输入控件	StepScanner	编辑项：None，Step X，Step Y (禁用)
19	AUT-D(mm)	数值输入控件	AUT-D(mm)	数据类型：双精度
20	Fre(GHz)	数值输入控件	Fre(GHz)	数据类型：双精度
21	FF-Angle(deg)	数值输入控件	FF-Angle(deg)	数据类型：双精度 数据输入：最大 90，最小 0
22	X-mid(mm)	数值输入控件	X-mid(mm)	数据类型：双精度 数据输入：最大 4000，最小 −4000
23	Distan(mm)	数值输入控件	Distan(mm)	数据类型：双精度
24	Y-mid(mm)	数值输入控件	Y-mid(mm)	数据类型：双精度 数据输入：最大 3000，最小 −3000
25	X Start(mm)	数值输入控件	X Start(mm)	数据类型：双精度 数据输入：最大 3000，最小 −3000
26	X Stop(mm)	数值输入控件	X Stop(mm)	数据类型：双精度 数据输入：最大 2700，最小 −2700
27	X Step(mm)	数值输入控件	X Step(mm)	数据类型：双精度
28	XPoints	数值显示控件	XPoints	数据类型：双精度
29	X Speed(mm/s)	数值输入控件	X Speed(mm/s)	数据类型：双精度 数据输入：最大 300，最小 1
30	Y Start(mm)	数值输入控件	Y Start(mm)	数据类型：双精度 数据输入：最大 2400，最小 −2400
31	Y Stop(mm)	数值输入控件	Y Stop(mm)	数据类型：双精度 数据输入：最大 2400，最小 −2400
32	Y Step(mm)	数值输入控件	Y Step(mm)	数据类型：双精度
33	YPoint	数值显示控件	YPoint	数据类型：双精度
34	Y Speed(mm/s)	数值输入控件	Y Speed(mm/s)	数据类型：双精度 数据输入：最大 300，最小 1
35	Roll Start(deg)	数值输入控件	Roll Start(deg)	数据类型：双精度
36	Roll Stop(deg)	数值输入控件	Roll Stop(deg)	数据类型：双精度
37	Roll Step(deg)	数值输入控件	Roll Step(deg)	数据类型：双精度
38	RollPoints	数值显示控件	RollPoints	数据类型：双精度
39	Roll Speed(deg/s)	数值输入控件	Roll Speed(deg/s)	数据类型：双精度 数据输入：最大 10，最小 0.01

在主界面程序框图中创建 while 循环与事件结构，添加"计算范围"布尔按钮的事件程序，计算范围指的是使用该按钮左边的六个数值数据：AUT-D(mm)(DUT 的尺寸)、Distan(mm)(待测天线口径到扫描平面的距离)：Fre(GHz)(待测频率)、X-mid(mm)(待测天线中心 X 坐标)、Y-mid(mm)(待测天线中心 Y 坐标)、FF-Angle(deg)(近远场变换可见的远场角度范围)，通过简单的公式计算出近场测试需要的扫描范围、步进、点数，并将这些计算的结果赋值给下面的 X 与 Y 的输入与显示控件。

计算范围值改变程序框图如图 11.80 所示。调用一个"Scanareacal.vi"的子 VI 函数，子 VI 的前面板与程序框图如图 11.81～图 11.83 所示。在程序框图中使用了数学函数的三角函数、商与余数、转换为 64 位整型、条件结构等。在计算商与余数之前把数据扩大了100 000 倍，将数据全部去小数化，这样就避开了计算机存储数据的精度问题。

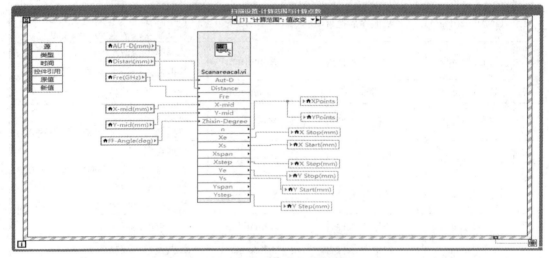

图 11.80　计算范围值改变程序框图

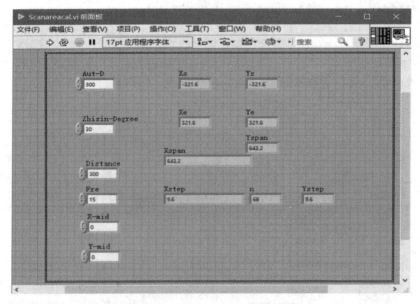

图 11.81　Scanareacal.vi 的前面板

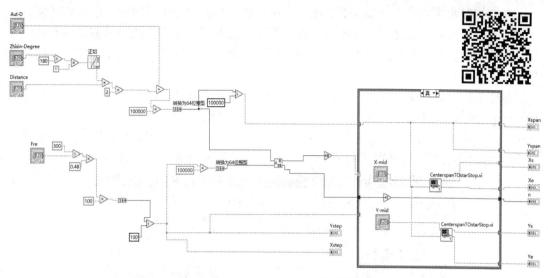

图 11.82 Scanareacal.vi 程序框图

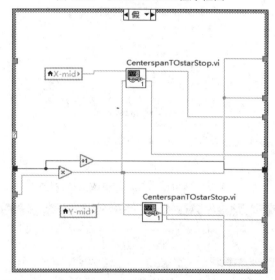

图 11.83 Scanareacal.vi 程序框图——条件结构假分支

在"Scanareacal.vi"的子 VI 的程序框图中调用了"CenterspanTOstarStop.vi"的子 VI 函数，程序框图与前面板如图 11.84 所示。目的是将输入的中心与扫宽转换为开始与终止位置。至此，计算范围的按钮事件已经编程完成，切换到前面板，输入相应的参数并单击"计算范围"按钮查看计算结果。

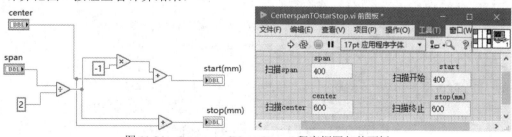

图 11.84 CenterspanTOstarStop.vi 程序框图与前面板

在扫描参数设置中有一个重要功能，当用户输入相应的扫描范围时，需要软件能自动计算出扫描点数以及优化测试范围。例如，在用户输入了不能整除的扫描范围与步进值之后，软件能够优化出整数点的范围，这样就可以避免扫描测试的数据出错，整数点的问题是测试的基本常识。

程序的实现过程是，在事件结构上添加事件分支并编辑事件，如图 11.85 所示。添加转台的六个输入控件的值改变事件，并取消"锁定前面板"。单击"添加事件"按钮，可在一个事件结构下添加多个事件触发，当用户输入任何一个值时，就会触发这个事件结构，运行事件结构的程序，同样编辑扫描架的九个输入控件的事件结构，如图 11.86 所示。

图 11.85　转台输入控件的值改变事件结构

图 11.86　扫描架输入控件的值改变事件结构

编写转台以及扫描架输入控件值改变事件下的程序框图，如图 11.87 与图 11.88 所示。在程序框图中调用了 stepcal.vi 子 VI 函数，该子 VI 的程序框图与前面板如图 11.89 与图 11.90 所示。通过输入的开始位置、步进、结束位置，计算出新的满足方向图测试规律的开始位置、结束位置、步进、测试点数。同样用到了取余函数以及去除小数的扩展。至此，扫描参数界面的控件与函数功能编程全部结束，可以切换至前面板，单击运行程序，输入控件值，查看程序的运行结果。

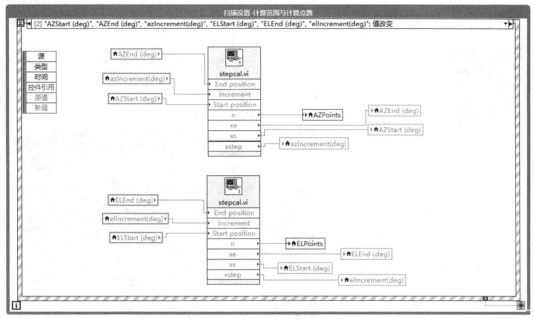

图 11.87　转台输入控件的值改变事件程序框图

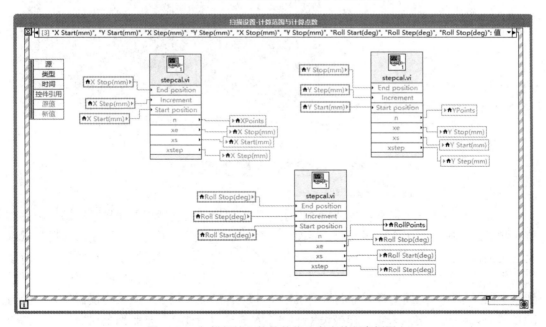

图 11.88　扫描架输入控件的值改变事件程序框图

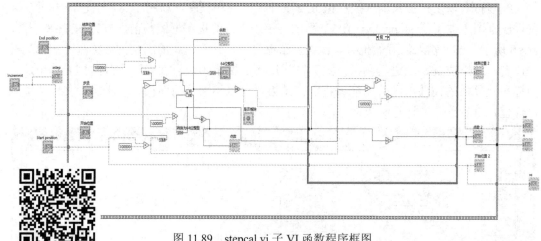

图 11.89　stepcal.vi 子 VI 函数程序框图

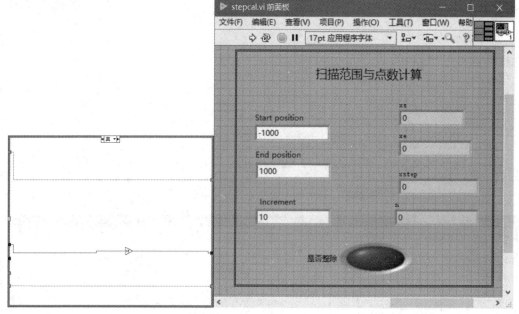

图 11.90　stepcal.vi 子 VI 函数条件分支以及前面板

11.9　全局变量的传递

至此，已经建立了很多与测试相关的主程序界面控件，包括输入和显示控件。控件的值在测试过程中需要传递到测试的子界面(子 VI)中。采集软件通过主界面调用远场测试以及近场测试的两个子界面，分别完成远场与近场测试功能，此时涉及了全局变量。在前面的编程中已经创建了一些全局变量，鼠标双击打开"采集软件全局.vi"的前面板，可以看到一些已经添加的全局变量。下面将图 11.77 中主程序前面板上的文件与仪器配置、源与 RTC 设置、接收机定点采集、扫描设置中的输入与显示控件全部复制到全局变量中，如图 11.91 所示。有些布尔按钮不需要传递全局变量，因此可不用复制。

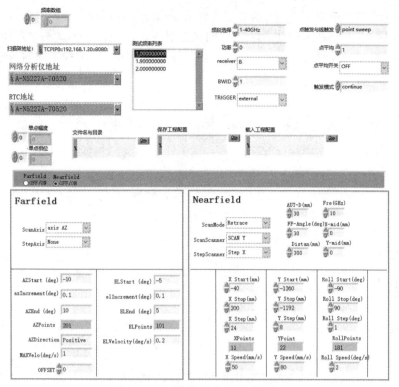

图 11.91 采集软件全局.vi 前面板

添加全局变量后，可以将前面板界面的值传递给全局变量对应的控件。在主程序的程序框图中创建新的 while 循环与事件结构，并创建一个布尔按钮控件，修改其标签为"全局变量传递"，同时修改布尔的属性为"单击时转换"，如图 11.92 所示。需要注意的是，修改该属性是非常关键的操作，这将在后面的属性节点的值改变事件调用中进行讲述。

图 11.92 修改全局变量传递布尔按钮的属性

创建所有需要在另一个 VI 界面使用的控件的值的局部变量，同时把局部变量的输出值连接到全局变量的输入值。那么，单击"全局变量传递"按钮以后，全局变量的值就会更新为局部变量的值，如图 11.93 所示。创建局部变量是需要消耗 LabVIEW 的内存空间的，也可以采用属性点方式静态创建每个控件的属性节点值，把值再传递给全局变量，全局变量可以在不同的 VI 界面程序中传递值，当然，在不同界面中有多种不同的传递值的方式，除了全局变量，也可以使用引用。

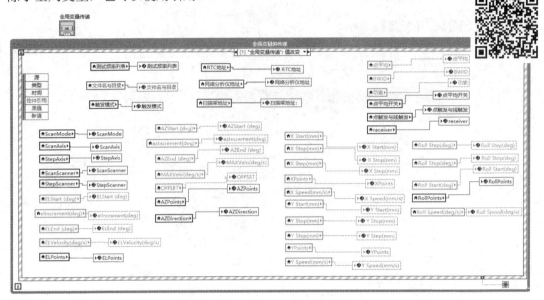

图 11.93 局部变量的值传递给全局变量

11.10 工 程 文 件

现在回到主界面选项卡控件中的"文件与仪器配置"中，上文中提到了保存界面的参数配置，但是并未编写程序框图，编程到目前为止，所有需要的测试参数控件，输入与显示的值都在主程序界面的选项卡控件上添加完成。当用户改变参数值之后，下次打开软件，如果要让设置的参数保持不变，就需要使用工程文件(配置文件)。工程文件可保存在用户的测试目录下，打开软件后，测试一个新的天线，由于设置的参数不同，所以可以保存多个工程文件，保存的工程文件使用软件调用后，把需要的参数值重新传递给界面上的控件，这样，界面上的参数设置就会回到当时测试时候的参数设置。

在主程序的程序框图界面，创建新的 while 循环与事件结构组合，同时在主程序前面板找到"保存工程配置"与"载入工程配置"输入控件，在程序框图中添加两个路径输入控件的值改变事件。当用户单击保存工程右侧的"文件浏览器"按钮选择新的工程文件时，触发该事件结构，执行事件结构中的内容。

11.10.1 保存配置文件

创建一个新的 VI，另存为"WriteProject.vi"，编写子 VI 的程序框图。子 VI 程序中设置了一个工程文件的输入路径，段名称为"文件与仪器、源与 RTC"，如图 11.94 所示。段名称代表了主界面选项卡控件中的相应选项卡界面的控件和子 VI 的前面板，如图 11.95 所示。将前面板上的控件参数全部保存在用户设置的文件目录下，由于界面参数过多，一个子 VI 无法保存全部参数，因此，在程序框图的最后把引用输出，作为下个子 VI 的引用输入。这里有个小技巧，在保存配置参数时，可以直接复制主程序框图的控件到子 VI 的前面板，这时并未保存频率列表控件，而是保存了频率数组全局变量，在载入配置时，载入的也是频率数组，利用频率列表的属性节点把频率数组再写入到频率列表中。

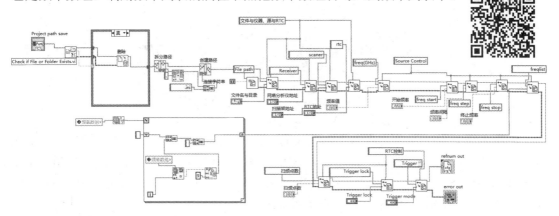

图 11.94　WriteProject.vi 子 VI 函数程序框图

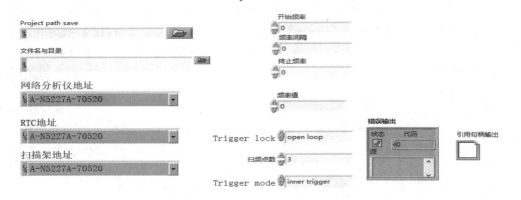

图 11.95　WriteProject.vi 子 VI 函数前面板

新建一个子 VI，将其另存为"WriteProject1.vi"，用来保存主界面选项卡控件上的接收机定点采集选项卡相关参数，程序框图与前面板如图 11.96 与图 11.97 所示。在程序框图与前面板中可以看到引用的输入与输出，错误的输入与输出都是用来连接不同的子 VI 的。

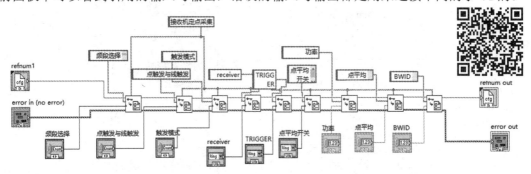

图 11.96　WriteProject1.vi 子 VI 函数程序框图

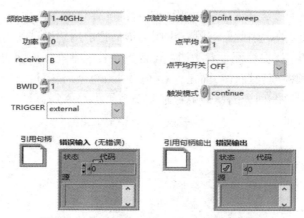

图 11.97　WriteProject1.vi 子 VI 函数前面板

新建两个子 VI，分别另存为"WriteProject2.vi"与"WriteProject3.vi"，用来保存主界面选项卡控件上的扫描设置选项卡的相关参数，单选按钮以及远场的参数配置在"WriteProject2.vi"中保存，近场的参数配置在"WriteProject3.vi"中保存。原因是子 VI 函数的连线模式中最多能连接 28 个接线端子，因此需要两个子 VI。同样地，使用引用输入与输出、错误输入与输出连接不同的子 VI。程序框图与前面板如图 11.98～图 11.101 所示。在图 11.100 中，使用了"Close Config Data.vi"，用来关闭配置文件的引用，结束配置文件。其实这个"Close Config Data.vi"函数也是一个子 VI，是 LabVIEW 官方开发的子 VI 函数，可双击打开函数，查看前面板与程序框图，不建议用户自己更改 LabVIEW 原环境下的子 VI 原型函数。

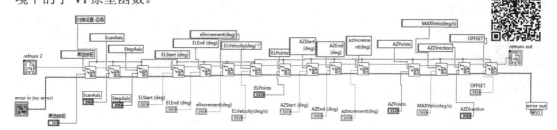

图 11.98　WriteProject2.vi 子 VI 函数程序框图

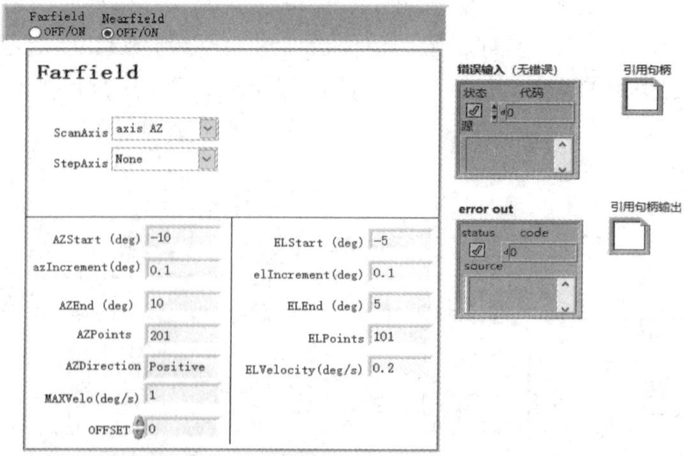

图 11.99　WriteProject2.vi 子 VI 函数前面板

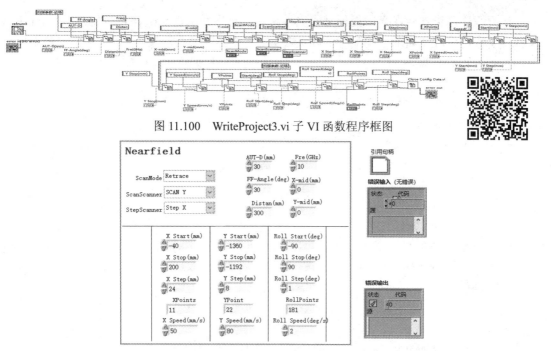

图 11.100　WriteProject3.vi 子 VI 函数程序框图

图 11.101　WriteProject3.vi 子 VI 函数前面板

在程序框图工程文件的"保存工程文件"值改变事件结构中添加"WriteProject.vi""WriteProject1.vi""WriteProject2.vi"与"WriteProject3.vi"子 VI，并单击鼠标右键去掉选择"显示为图标"，使用鼠标左键向下拖动并展开子 VI 的接线端子的全部名称。此时，创建相应输入控件的局部变量，与对应的接线端子进行连接。把引用的输入与输出、错误输入与输出依次连接，连接的顺序即为程序的执行顺序，在"WriteProject3.vi"的错误输出接线端子上连接一个条件结构，在保存配置参数错误的情况下，弹出消息对话框提示"err"，在正确的情况下弹出消息对话框并提示"配置文件保存完成"，程序框图如图 11.102 所示。

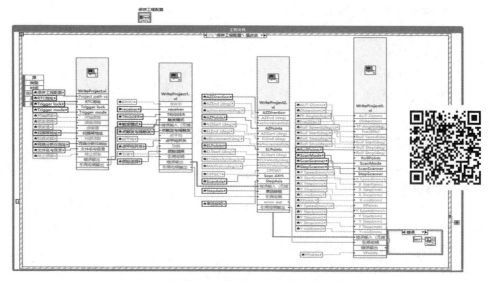

图 11.102　保存工程配置值改变事件程序框图

运行程序，设置并保存工程配置的文件路径，将界面工程参数保存至配置文件.ini 中，打开该文件可以看到如下工程配置的相关参数。

[文件与仪器、源与 RTC]
File path = ""
Receiver = "A-N5227A-70520"
scaner = "A-N5227A-70520"
rtc = "A-N5227A-70520"

[Source Control]
freq(GHz) = 0.000000
freq start = 0.000000
freq step = 0.000000
freq stop = 0.000000
freqlist = ""

[RTC 控制]
扫频点数 = 3.000000
Trigger lock = 0
Trigger mode = 0

[接收机定点采集]
频段选择 choice = 0
点触发与线触发 = 0
触发模式 = 0
receiver = 0
TRIGGER = 0
点平均开关 = 0
功率 = 0.000000
点平均 = 1.000000
BWID = 1.000000

[扫描设置-远场]
单选按钮 = 0
ScanAxis SCANNER = 0
StepAxis SCANNER = 0
ELStart (deg) = -5.000000
ELEnd (deg) = 5.000000
elIncrement(deg) = 0.100000
ELVelocity(deg/s) SPEED = 0.200000
ELPoints = 101

AZStart (deg) = -10.000000

AZEnd (deg)　= 10.000000

azIncrement(deg) = 0.100000

AZPoints = 201

MAXVelo(deg/s) = 1.000000

AZDirection = 0

OFFSET = 0.000000

[扫描参数-近场]

AUT-D = 30.000000

FF-Angle = 30.000000

Distan = 300.000000

Freq = 10.000000

X-mid = 0.000000

Y-mid = 0.000000

ScanMode = 0

ScanScanner = 0

StepScanner = 1

X Start(mm) = -40.000000

X Stop(mm)　= 200.000000

X Step(mm) = 24.000000

XPoints = 11.000000

X Speed(mm/s) = 50.000000

Y Start(mm) = -1360.000000

Y Step(mm) = 8.000000

Y Stop(mm)　= -1192.000000

Y Speed(mm/s) = 80.000000

YPoints = 22.000000

Roll Start(deg) = -90.000000

Roll Stop(deg)　= 90.000000

Roll Speed(deg/s)　= 2.000000

RollPoints = 181

Roll Step(deg) = 1.000000

11.10.2　导入配置文件

　　导入配置文件与保存配置文件的子 VI 数量一致,内容要一一对应才能正确地读取配置文件中的参数。导入配置文件程序框图中使用了"Read Key.vi"函数,把"WriteProject.vi""WriteProject1.vi""WriteProject2.vi"与"WriteProject3.vi"子 VI 分别复制并重新命名为"readProject.vi""readProject1.vi""readProject2.vi"与"readProject3.vi"子 VI。分别打开

这四个子 VI，切换到程序框图中，在"Write Key.vi"函数上单击鼠标右键弹出属性菜单，选择"替换""配置文件 VI 选板""读取键"，一次性地将所有的写入键替换为读取键，同时将所有的输入控件转换为显示控件。每个读取键的默认值接线端子连接需要的数据类型，一般可使用该显示控件创建的常量值作为默认值的类型数据。依次将默认值的接线端子连接到显示控件，此时保存 VI 即可把保存配置的子 VI 转换成导入配置文件的子 VI，四个子 VI 的程序框图如图 11.103～图 11.106 所示。前面板的控件与保存配置文件的控件一模一样，同时不用再重复连接前面板上的接线模式与接线端子。在图 11.103 中，读取的频率数组是字符串格式，需要使用电子表格至字符串转换函数，将字符串转成实数数组。

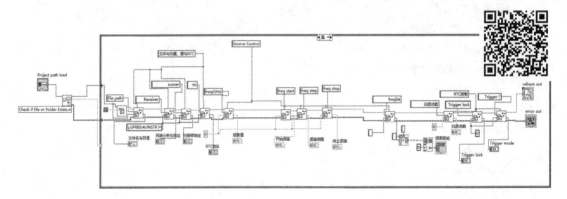

图 11.103 　readProject.vi 子 VI 程序框图

图 11.104 　readProject1.vi 子 VI 程序框图

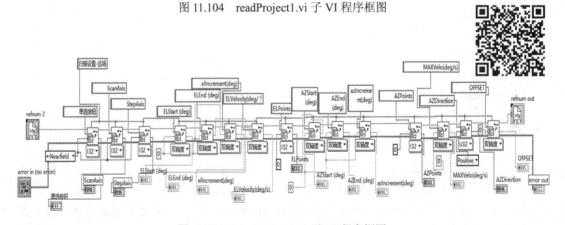

图 11.105 　readProject2.vi 子 VI 程序框图

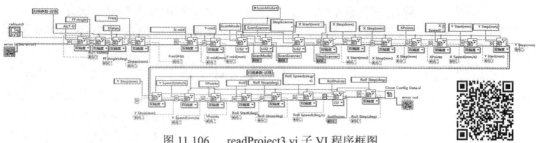

图 11.106　readProject3.vi 子 VI 程序框图

在"载入工程配置"值改变事件结构中添加"readProject.vi""readProject1.vi""readProject2.vi"与"readProject3.vi"子 VI,调整到接线端子的模式,把保存配置中程序框图中的所有参数的局部变量全部复制(采用按下"Ctrl+鼠标左键"并移动鼠标的方式复制),在每个局部变量上单击鼠标右键,在弹出的菜单中单击"转换为读取",把对应的参数连接到四个子 VI,如图 11.107 所示。在"readProject.vi"子 VI 中,频率数组的输出接线端子使用了频率列表的属性节点,把导入的测试频率显示在测试频率列表的列表框中,同时把接线端子连接至全局变量频率数组。

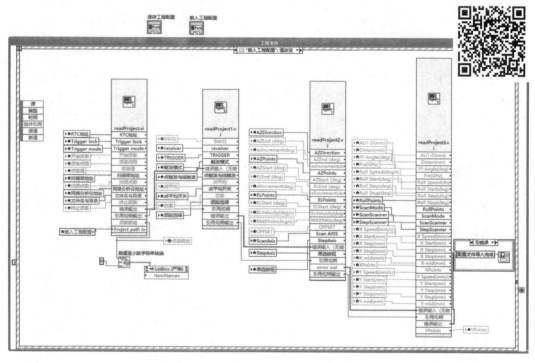

图 11.107　载入工程配置程序框图

11.11　近 场 测 试

近场测试采用子 VI 的编程方式,在主程序界面中添加一个布尔按钮,并修改其标签名称与布尔文本为"测量",使用鼠标调整到合适的大小,并在属性中修改按钮的颜色。在主程序的程序框图中创建新的 while 循环与事件结构,并编辑测量按钮的值改变事件。当用户单击测量按钮后，弹出一个子 VI 界面，用来显示近场测试的状态与测试结果。

新建一个子 VI，将其另存为"近场测试.vi"，这个子 VI 可以理解为近场测试的主程序界面。在测量值改变的事件结构中添加如图 11.108 所示程序框图，该程序框图中使用了"打开 VI 引用""调用节点""关闭引用"等函数。通过对本 VI 目录下子 VI 的路径引用进行 VI 的动态调用，如果调用的子 VI 不存在，则提示对话框"run err!"。动态调用的好处是子 VI 在主程序被打开并加载到内存后，子 VI 并不会被同时加载进而占用内存空间，而是在被调用以后才加载到内存并显示界面。此时运行主程序界面并单击测量按钮，发现"近场测试.vi"被打开并显示到主程序界面的前面。当然，如果不是大型程序，也可以使用静态调用子 VI 的方式，通过程序框图"选择 VI.."把"近场测试.vi"添加到程序框图即可。

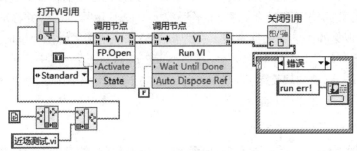

图 11.108　动态调用近场测试子 VI 程序框图

近场测试中需要把主界面的参数配置传递到"近场测试.vi"中，此时就使用到了 11.9 节的全局变量的传递。在测量值改变事件结构中创建一个层叠式顺序结构，在调用"近场测试.vi"前，添加全局变量传递布尔按钮的属性节点"值信号事件"，如图 11.109 所示。在用户按下测量按钮时，先运行全局变量的值改变事件，触发全局变量的传递 while 循环与事件结构的组合，把界面的参数全部传递至全局变量中，然后再调用"近场测试.vi"，那么，通过调用全局变量，界面的参数即可在"近场测试.vi"子 VI 中进行使用了。

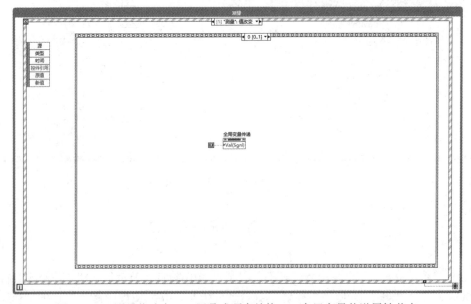

图 11.109　测量值改变——层叠式顺序结构——全局变量传递属性节点

接下来我们继续编写近场测试的程序流程，可按照以下步骤逐步实现近场测试的所有功能：

(1) 近场测试需要有一个启动测试流程的布尔按钮和一个停止测试的按钮，当"启动测试"按钮被按下后，测试软件根据主界面传递的测试参数初始化网络分析仪、测试扫描架和 RTC 设备。因此，需要一个初始化流程的 while 循环与事件结构，当在测试过程中需要停止测试时，单击"停止测试"按钮，可以停止扫描架的运动以及测试工作，这就需要一个 while 循环与事件结构处理停止测试按钮的事件。

(2) 在初始化测试后，需要根据扫描架以及扫描轴的扫描选择运行扫描架，并且在对应的扫描范围内启动脉冲触发的功能，扫描架在运行一个轴后需要实时读取轴的位置与运行状态，运行停止后需要进入下一个目标位置的运行流程中，并且在运行过程中需要响应停止测试的中断协议，因此，该流程也可以单独使用一个 while 循环与事件结构。

(3) 在扫描架运行到扫描范围内时，需要采集接收机的测试数据，并且判断采集的时间，在采集的过程中需要实时显示测试幅度相位曲线，并且在采集完成后要对数据进行保存，这里是实时采集判断与测试数据存储，也需要一个 while 循环与事件结构。

根据以上的测试流程，在"近场测试.vi"子 VI 中创建四个 while 循环与事件结构的组合，分别命名子程序框图标签为"初始化测试参数""运行扫描架""实时采集显示""停止测试"。

11.11.1　初始化测试参数

在"近场测试.vi"子 VI 的前面板上添加两个布尔按钮，分别修改其标签名称与布尔文本为"启动测试"与"停止测试"。

初始化参数是在鼠标单击"启动测试"按钮后触发的动作，因此，应在初始化事件结构中添加并编辑启动测试值改变事件。在启动测试的事件结构中添加平铺式顺序结构，用来区分初始化参数的顺序。

在第一个顺序结构中，利用全局变量 Xpoints、X Start(mm)、X Step(mm)以及 for 循环生成了 X 数组，在后面运行扫描架与实时采集显示时使用。用同样的方式，创建了 Y 数组与 Roll 数组，如图 11.110 所示。

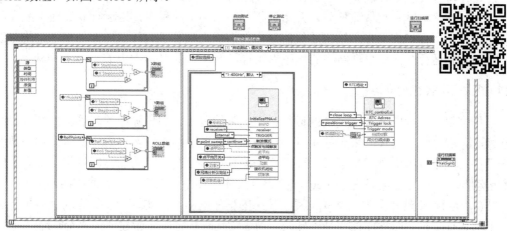

图 11.110　初始化测试参数

在第二个顺序结构中，添加了频段选择全局变量，这时发现，这个全局变量在主程序界面的全局变量的传递事件结构中并未进行局部变量到全局变量的赋值，因此，需要先在主界面的全局变量的传递事件结构中进行传递。由于在软件的开发过程中，有时候不能全面地考虑到程序需要传递的所有全局变量，因此，在开发过程中，需要增加的全局变量，在相应的程序框图中要做好值的传递，否则在程序运行的过程中很难发现问题。

利用条件结构对测试频段进行划分，在 1～40 GHz 的条件分支中添加"InitializePNA.vi"，在 40～60 GHz 的条件分支中添加"InitializePNA 混频模式.vi"的子 VI，并利用全局变量连接对应的接线端子名称，在 1～40 GHz 的子 VI 中设置的是点扫描、内触发的模式，如图 11.111 所示。在 40～60 GHz 的子 VI 中需要设置的是 IF 频率 GHz、倍频次数，这是由本系统的混频器、倍频器的谐波次数决定的，共使用了四次倍频，中频频率设置为 0.015 MHz。用户在主程序界面中对网络分析仪配置的参数已经被传递到了子 VI 中，并且通过启动测试按钮的值改变事件执行。

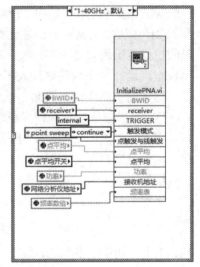

图 11.111　1～40 GHz 条件分支

在第三个顺序结构中添加了"RTC_controll.vi"子 VI 函数，用来初始化 RTC，系统设置了 Trigger lock 为 close loop 常量，在 RTC 触发网络分析仪采集数据时，采用握手的方式触发，Trigger mode 为 positioner trigger 常量，RTC 收到扫描架或者转台的脉冲触发后，开始工作，扫描点数设置为频率数组的数组大小，也就是测试频率的个数。

在第四个顺序结构中添加一个运行扫描架的布尔按钮"值信号"的属性节点，这个属性节点来自运行扫描架布尔按钮。在前面板添加运行扫描架布尔按钮，在该按钮上单击鼠标右键，把机械动作改为单击时转换，此时即可利用按钮的属性节点值信号事件来触发按钮的值改变事件。在运行扫描架 while 循环及事件结构中添加编辑运行扫描架的值改变事件，这样做的目的是解决在一个事件结构中如何触发另外一个事件结构运行的问题。

在初始化测试参数值改变后，开始运行顺序结构中的程序，当运行到第四个顺序结构时，触发了运行扫描架布尔按钮的值信号事件，那么触发了运行扫描架的事件结构，程序开始跳转到运行扫描架事件结构的程序中执行，这类似于 C 语言中的 switch 结构。

11.11.2　运行扫描架

扫描架的运行应包含步进轴的运行、扫描轴的运行、扫描脉冲的配置、扫描过程的状态读取、程序跳转到实时采集显示等，这些都是在顺序结构中实现的。在运行扫描架值改变事件的程序框图中添加平铺式顺序结构，编写第一个顺序结构的程序框图，实现步进轴的运动与停止。复制全局变量 StepScanner 到程序框图中，创建一个条件结构，在条件分支 1 中添加运行 X 轴并实时读取其位置与状态的程序框图。其实这与主界面的手动控制选项卡中的运行扫描架的程序框图是一样的，为了简化程序框图，新建一个"Scanner Run.vi"子 VI，在该子 VI 中设置运行扫描架的轴、速度与目标位置。图 11.112 所示的是该子 VI

的前面板，包含"速度""位置""运行轴""VISA 资源名称输出"，"ROLL 轴方向"以及"错误输出"，用来连接程序的执行顺序。程序框图中使用了格式化写入字符串函数，同时还使用了条件结构来选择运行的轴，如图 11.113 与图 11.114 所示。

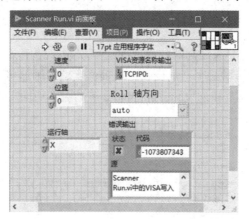

图 11.112　Scanner Run.vi 子 VI 前面板

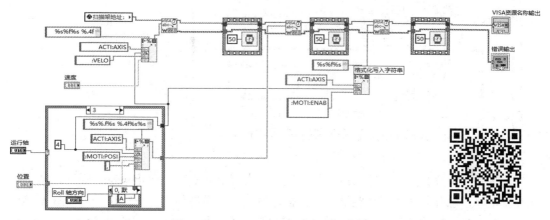

图 11.113　Scanner Run.vi 子 VI 程序框图

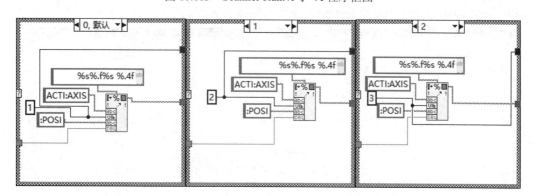

图 11.114　Scanner Run.vi 子 VI 程序框图——条件选择分支 0-1-2

　　把新建的 Scanner Run.vi 子 VI 添加到第一个顺序结构中，把全局变量中的 X Speed(mm/s)速度以及 X 需要运行的目标角度连接到子 VI 的接线端子。这里需要新创建两个全局变量，分别是"X 步进个数"与"Y 步进个数"，这两个全局变量用来作为寄存器进行使用。它从 0 开始计数，每次运行一个 X 轴的位置，其值增加 1，直到所有 X 步进的位置全部运行完成才停止计数。使用删除数组函数将初始化过程中的 X 数组中的 X 轴位置剔除出来作为目标位置使用，子 VI 的运行轴选择 X 轴，运行后需要一个 while 循环来实时读取速度与位置。

根据扫描架的定义，当运行速度返回 1 时，扫描架运行到位，在运行的过程中速度不为 1，因此，可以通过读取速度判断扫描架的运行状态。使用条件结构判断是否需要停止 while 循环，这里还需要新增三个全局变量：X 轴位置、X 轴速度、测量停止总开关。X 轴位置与 X 轴速度把当前位置和速度传递给全局变量，用于后面程序的实时显示，程序框图如图 11.115 所示。

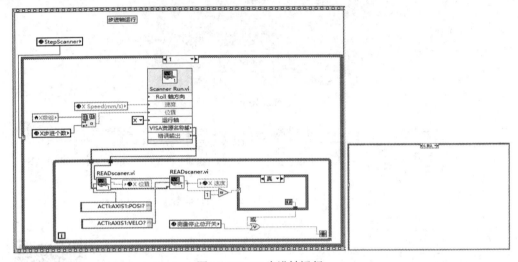

图 11.115　X 步进轴运行

测量停止总开关是布尔输入或者显示控件，当赋值为真时，停止 while 循环，结束测试。测量停止总开关在"停止测试"布尔按钮值改变的事件结构中进行赋值，如图 11.116 所示。在停止测试的 while 循环与事件结构中添加停止测试布尔按钮的值改变事件，同时在程序框图中添加停止测试总开关全局变量，并赋值为真。

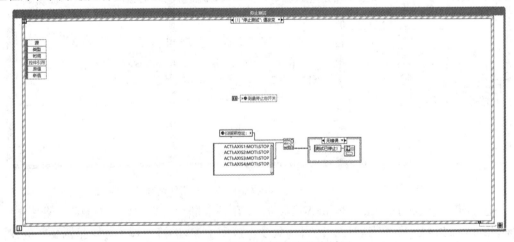

图 11.116　停止测试值改变程序框图

当停止测试按钮值改变时，用户想停止正在进行的测试任务，需要停止扫描架的运行，所以在程序框图中增加停止扫描架的指令协议，如图 11.116 所示。在条件分支 1 中，增加一个层叠式顺序结构，执行完扫描架的 X 位置运行后，需要把 X 步进个数＋1，保证下次执行该段程序时，剔除的 X 数组的步进角度是下一个位置的角度，如图 11.117 所示。

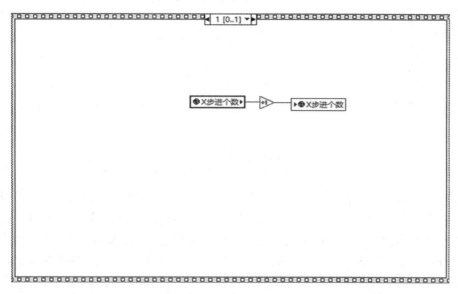

图 11.117　X 步进个数＋1 程序框图

同样的方式，在条件结构分支 2 中，增加程序框图 Y 的步进运行以及 Y 步进个数＋1 层叠式顺序结构，如图 11.118 与图 11.119 所示。

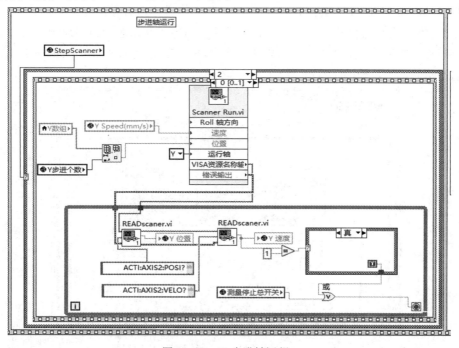

图 11.118　Y 步进轴运行

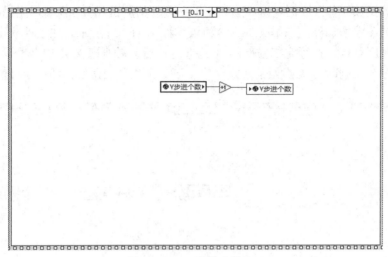

图 11.119　Y 步进个数+1

接着编写第二个顺序结构：扫描轴开始运行位置。添加"ScanScanner"全局变量到程序框图中并创建条件结构，使用三个条件分支，分别为 X 轴、Y 轴与 ROLL 轴，这三个轴都是在近场测试中经常被使用的扫描轴，Z 轴只用来调整测试距离，一般不做扫描轴使用。

用同样的方法添加"Scanner Run.vi"与"READscaner.vi"，如图 11.120 所示。框图中增加了 ScanMode 的条件分支，用来判断是单项扫描测试还是双向扫描测试。在单向扫描测试时，Y Start(mm)减去 20，这是因为扫描架在运行的 Y Start(mm)位置需要发送同步位置触发脉冲，由于扫描架控制器的控制原理，扫描范围要大于脉冲的触发范围，否则，第一个在 Y Start(mm)的脉冲将无法产生，因此，多运行了 20 mm，也可以设置 2 mm 等任意的值。在双向扫描 Retrace 的条件分支中，使用了 X 步进个数寄存器取余的方式来控制扫描架开始的位置，可以看到在 0 默认的条件结构中，扫描架是先运行到 Y Stop(mm) + 20 的位置作为扫描开始位置，在余数为 1 的条件结构中，扫描架运行到 Y Start(mm) − 20 的位置作为扫描开始的位置，如图 11.121 所示。

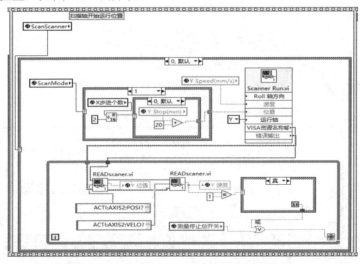

图 11.120　扫描轴 Y 开始运行位置程序框图

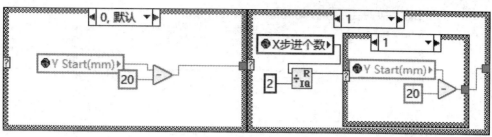

图 11.121 扫描轴开始运行位置程序框图——ScanMode 条件分支

在 ScanScanner 的条件结构 1 与 2 中添加程序框图，可以使用鼠标选中并复制的方式快速创建程序框图，修改相关的全局变量、扫描轴接线端子，如图 11.122～图 11.124 所示。在这里又增加了几个全局变量：ROLL 位置、ROLL 速度，以及图 11.120 中增加的 Y 位置、Y 速度。在 ROLL 轴运行的程序框图中没有运行模式，ROLL 扫描测试一般用来找交叉极化使用，不需要做反复扫描，不涉及扫描模式。

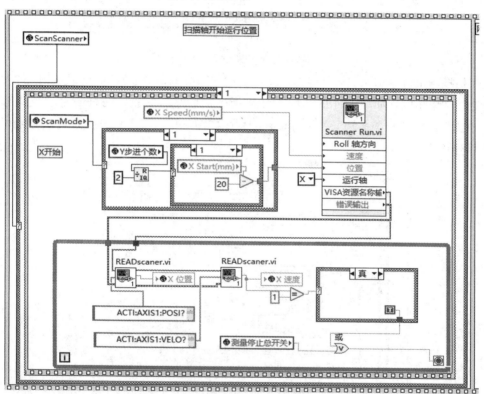

图 11.122 扫描轴开始运行位置程序框图 X 轴运行

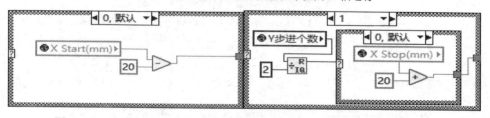

图 11.123 扫描轴开始运行位置程序框图 X 轴运行——ScanMode 条件分支

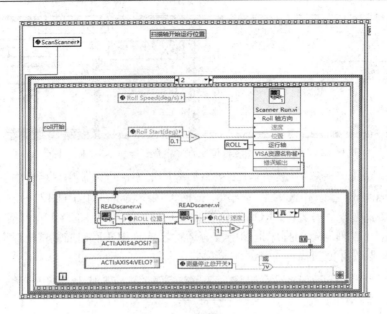

图 11.124 扫描轴开始运行位置程序框图——Roll 轴运行

在扫描结束顺序结构中添加运行结束位置的程序框图，并修改 ScanMode 分支中对应的开始与结束角度，如图 11.125 与图 11.126 所示。另外，在 ScanScanner 条件结构分支 1 与 2 中的程序框图与扫描轴开始运行位置的程序框图一样，只需修改扫描结束位置即可，这里不再赘述。

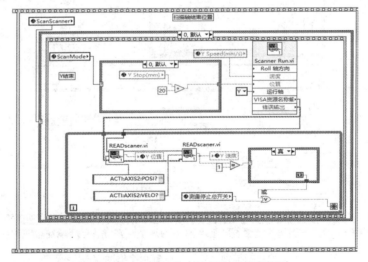

图 11.125 扫描轴结束运行位置程序框图

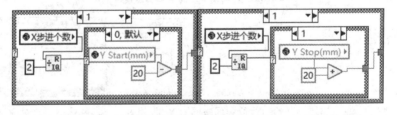

图 11.126 扫描轴结束运行位置程序框图——ScanMode 条件分支

在扫描架脉冲与网分配置的顺序结构中添加一个层叠式顺序结构，第一层用来配置扫描架的脉冲参数。添加"ScanerTrigger.vi"至程序框图中，根据扫描轴的 ScanScanner 全局变量，设置一个条件选择结构，ScanScanner 为 0 的分支是扫描 Y 轴，设置 Y 轴的脉冲，可以设置脉冲的开始、步进、停止角度，如图 11.127 所示。

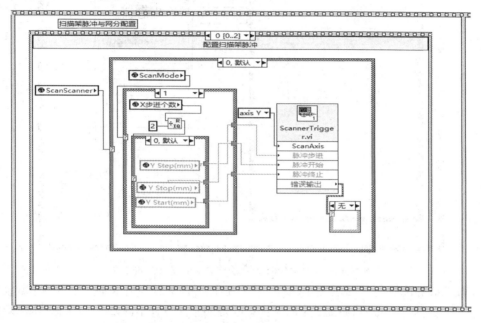

图 11.127　ScanScanner 为 0 条件分支的 Y 轴脉冲

　　在程序框图中可以看到，当 ScanMode 条件结构分支为 1 时，将扫描架设置为双向扫描，根据 X 步进个数全局变量寄存器的值，判断脉冲的开始与结束位置；反向时，开始位置与停止位置相互调换，如图 11.128 所示。当 ScanMode 条件结构分支为 0 时设置为单向扫描，程序框图如图 11.129 所示。

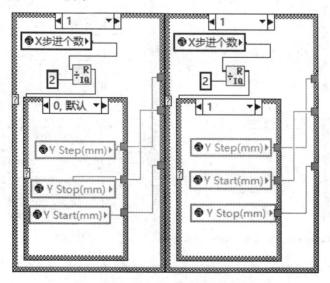

图 11.128　ScanMode 为 1 条件分支的 Y 轴脉冲设置

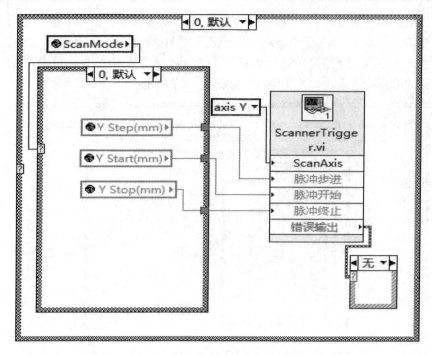

图 11.129 ScanMode 为 0 条件分支的 Y 轴脉冲设置

X 轴的脉冲配置与 Y 轴的完全一样，只是把对应的 Y 轴换成 X 轴，X 步进个数换成 Y 步进个数，如图 11.130 与图 11.131 所示。Roll 轴的脉冲设置不涉及 ScanMode 中的双向扫描，因此脉冲设置为正向测试，如图 11.132 所示。

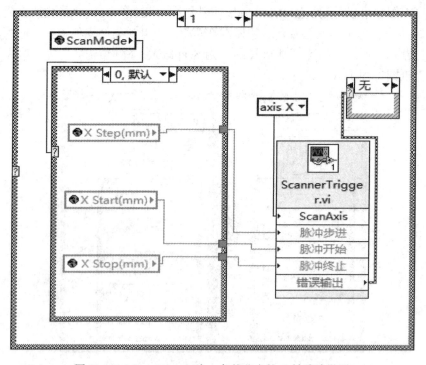

图 11.130 ScanScanner 为 1 条件分支的 X 轴脉冲设置

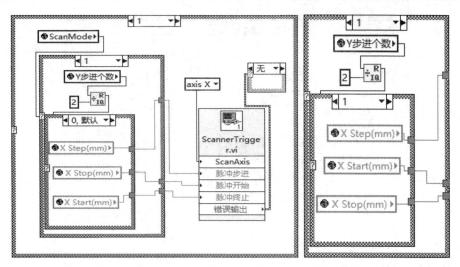

图 11.131　ScanMode 为 1 条件分支的 X 轴脉冲设置

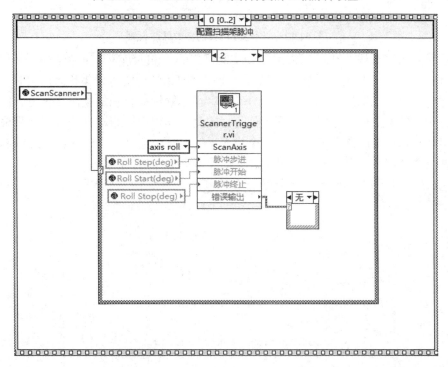

图 11.132　ScanScanner 为 2 条件分支的 Roll 轴脉冲设置

　　配置完扫描架的脉冲参数后，可以配置网络分析仪的触发脉冲，在层叠式顺序结构 1 中把网络分析仪的脉冲配置为外触发、点触发与单次触发模式。先配置扫描架的脉冲是因为在配置的过程中会打开扫描架的脉冲，即扫描架控制器会发出一个触发脉冲，如果配置了网分的脉冲参数，那么这个触发脉冲就会触发网络分析仪采集数据，造成数据多点的错误，因此需要先配置扫描架脉冲，然后再配置网络分析仪的脉冲参数。另外，还初始化了 FIFO 的参数配置，打开 FIFO 的功能并清空 FIFO 数据，以便存储测试数据，程序框图如图 11.133 所示。

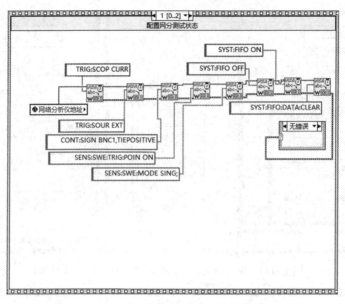

图 11.133　网络分析仪的参数脉冲设置

　　在层叠式顺序结构 2 中，可以跳转到实时采集的 while 循环与事件结构，其程序框图如图 11.134 所示。配置网分的脉冲参数后，程序需要跳转至实时采集状态，实时采集被开启后，运行扫描架的顺序结构并未被执行完成，而是继续执行扫描架向终止位置的运行，且在运行中不断发出位置触发脉冲同步信号。因此 LabVIEW 自动切换到多线程模式，一个线程运行扫描架实时读取位置，另一个线程运行实时采集显示，这就是 LabVIEW 的智能之处，不需要用户去管理与分配线程之间的关系。

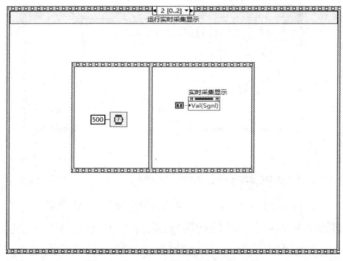

图 11.134　启动实时采集事件结构

11.11.3　实时采集显示

　　在扫描架运行的过程中，需要实时根据触发的状态以及测试点数把网络分析仪中的数据读回软件，并画图显示，同时存储测试数据。在完成一个步进轴的测试后，要把程序跳转回运行扫描架的事件结构中，运行下一个步进轴的位置。在实时采集显示 while 循环与事件结构中，添加实时采集显示布尔按钮的值改变事件，并在事件结构中创建一个 while 循环，当实时采集显示布尔按钮的属性节点值信号为真时，开始 while 循环，实时地读取数据、画图和存储。

　　"'实时采集显示'值改变"事件程序框图如图 11.135 所示，其中包含了两个 XY 图的画图控件。将 XY 图控件放置在前面板，调整控件的大小，并修改标签的名称为"幅度"与"相位"。把前面板界面调整到合适的大小，使用修饰工具里的平面框把前面板界面的有用区域进行规划，如图 11.136 所示。该步骤也可以在程序框图编辑完成以后统一修饰。

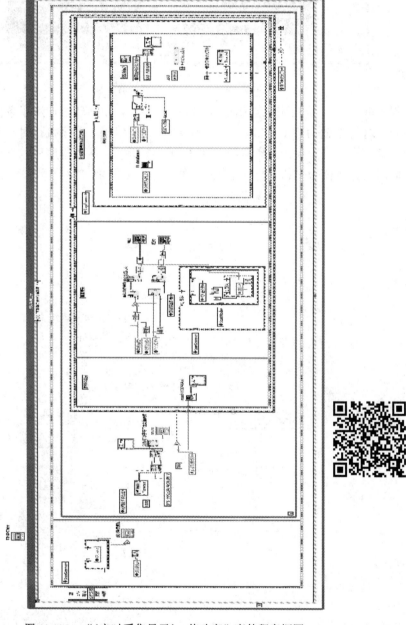

图 11.135　"'实时采集显示'：值改变"事件程序框图

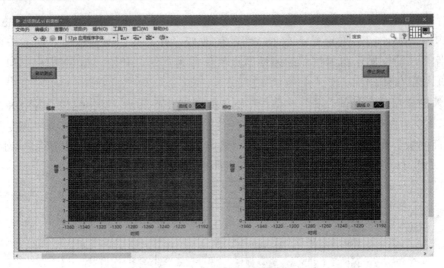

图 11.136　近场测试前面板

　　程序框图中使用了顺序结构嵌套 while 循环，并在循环内使用了条件选择结构以及多次嵌套，这与 C 语言中的 while 循环加 switch 结构相似。程序执行时，首先根据扫描轴的点数计算一次扫描的预计采集点数，如图 11.137 所示。然后程序进入下一个顺序结构，执行读取网络分析仪的 FIFO 寄存器中的数据点数，如图 11.138 所示。

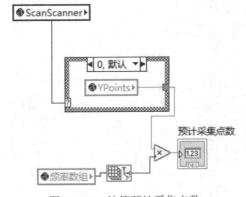

图 11.137　计算预计采集点数

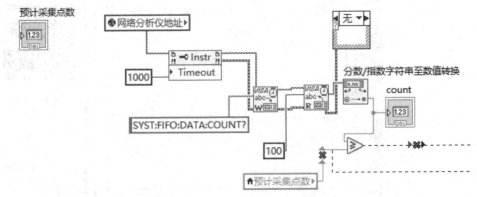

图 11.138　读取 FIFO 点数

　　读取到点数以后，与预计采集的点数做对比，如果点数大于等于预计点数则测试曲线已经完成，调用"readFIFODATA.vi"函数读取数据，在"readFIFODATA.vi"函数中读取的结果会直接转换成全局变量的单点幅度以及单点相位。利用重排数组维数函数，重新把一维数组按照测试频率排列成二维数据，调用全局变量测试频率列表的值，删除测试频率列表中选中的频率，并把该频率的数据画图到 XY 图中。

　　用户可以根据需要查看频率列表中的某个频点，程序框图中使用了 ScanScanner 与 ScanMode 两个全局变量，用来设置 XY 图的 X 轴的数组，扫描哪个轴，就对哪个轴使用初始化过程中创建的 X、Y、Roll 数组。需要注意的是，当 ScanMode 为双向测试时，需要把数组进行翻转后才能在 XY 图中正确显示，如图 11.139 与图 11.140 所示。如果程序读取的 FIFO 计数器的点数没有达到预计的采集点数，则在条件分支假中会给结束循环发送一个假的布尔值，以使 while 循环继续读取并判断，如图 11.141 所示。

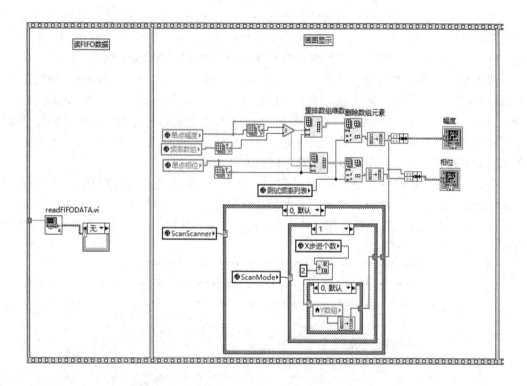

图 11.139　画图显示

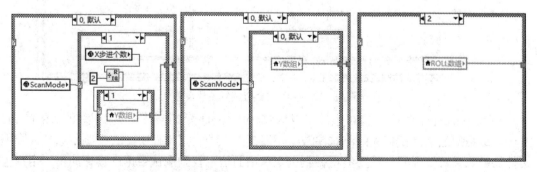

图 11.140　ScanScanner 与 ScanMode 两个条件分支

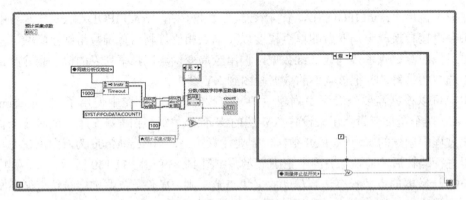

图 11.141　读取 FIFO 数据数量分支假

下面，程序回到条件结构的条件分支真中，执行至第三个顺序结构储存数据与程序跳转判断，如图 11.142 所示。根据 StepScanner 全局变量的条件分支，分为 0、1、2 三个条件分支，分别是存储单轴扫描的数据、储存 X 轴步进时扫描 Y 轴的数据、储存 Y 轴步进时扫描 X 轴的数据。条件分支 1 是在步进轴不运动的情况下，只运行扫描轴，测试完成即可储存数据，结束测试。条件分支 2 与条件分支 3 为 X 或 Y 步进，扫描 Y 或 X 的数据存储，因此，需要判断步进轴是否全部运行完成，若没有全部运行完成，则程序跳转至运行扫描架值改变事件中，若步进轴全部运行完成，则程序会弹出对话框并提示"测试完成"，关闭网分的射频信号，把全局变量的测量停止总开关设置为布尔真。

另外，从程序框图中看到了本 VI 的引用，设置为前面板的右上角的关闭按钮激活，以及启动测试按钮激活，这样做的目的是在程序测试运行的过程中屏蔽了前面板的关闭以及启动测试按钮的功能，防止误操作，与其对应的是在初始化时把启动测试按钮禁用并变灰，禁止关闭前面板，如图 11.142 所示。

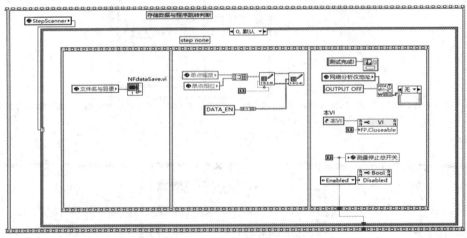

图 11.142　保存数据与恢复参数设置

在 StepScanner 条件分支 0 中，调用 NFdataSave 的子 VI 函数，程序框图如图 11.142 所示。这是把近场测试相关的测试参数全部写到保存的数据文件中，每个测试系统的数据文件头的定义可以不同，只要能根据数据文件头的信息找到测试数据的规律即可，用户也可以自己定义数据文件头信息。程序执行过程中保存了单点幅度与单点相位数据，调用了写入电子表格数据函数，在文件的末尾写了一个 DATA_EN，表示数据保存结束，下一个顺序结构的执行会提示用户测试完成，并恢复参数设置等信息。

在 StepScanner 条件分支 1 中，调用 NFdataSave 的子 VI 函数被挪到了图 11.149 所示的初始化程序的开始，这是因为在步进轴没有运行完所有的位置之前，需要循环执行很多次保存数据的过程，如果每次都运行保存文件头，则会造成多次保存文件头信息的冗余保存问题，因此保存文件头的动作只需在初始化时进行一次即可。

当程序运行至图 11.143 所示的程序框图时，首先保存测试近场的一条线采集的所有数据的幅度相位，然后将步进轴 X 步进个数全局变量与 X 数组的大小进行比较，若大小不同则程序执行运行扫描架的值改变事件，并停止本事件的循环，开始下一个步进轴的测试流程；如果大小相同，则测试完成，如图 11.144 所示。弹出测试完成消息对话框，关闭网络分析仪的射频输出，把前面板右上角的关闭按钮激活，将文件结束符 DATA_EN 写入数据文件，测量停止总开关全局变量赋值为真，激活启动测试按钮，恢复下一次测试的初始状态。以上的程序动作执行顺序都是由 LabVIEW 自动分配的，不需要用户进行控制。

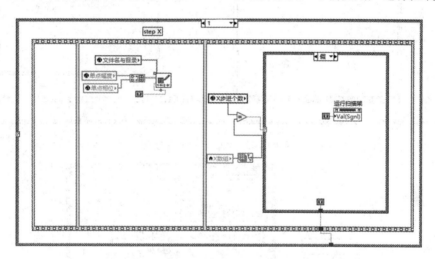

图 11.143 X 步进个数判断分支假

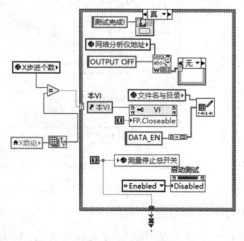

图 11.144 X 步进个数判断分支真

在 StepScanner 的条件分支 2 中，与条件分支 1 的程序类似，不同的只是测试的步进轴是 Y 轴，扫描轴是 X 轴，如图 11.145 与图 11.146 所示。

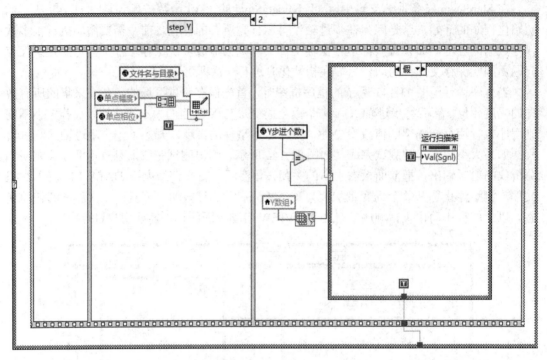

图 11.145　step Y 的条件分支

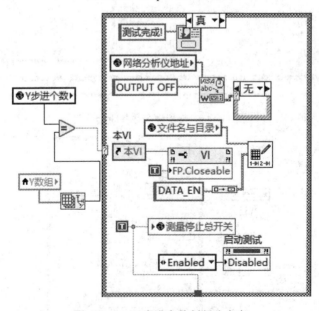

图 11.146　Y 步进个数判断分支真

"NFdataSave.vi" 的程序框图如图 11.147 所示，存储的信息包括文件路径、步进轴与扫描轴的信息、测试频率表信息以及测试的波束和开关信息，数据头文件格式如表 11-6 所示。

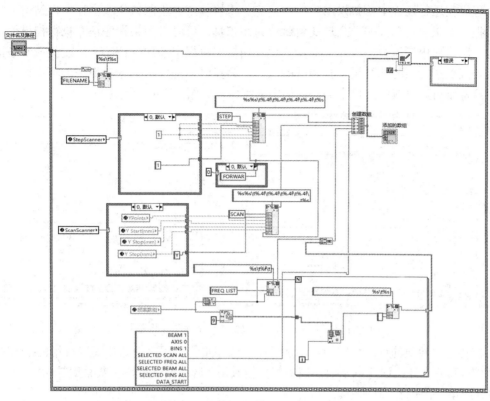

图 11.147　存近场数据文件头信息

表 11-6　测试数据存储的文件头信息

数据行数	文 件 头	说 明
1	FILENAME　　　D:\text.txt	测试数据保存的文件名和路径
2	STEPX　　11.0000　　-40.0000 200.0000　24.0000　　FORWARD	测试时设置的步进轴的扫描点数、开始位置、结束位置、扫描步进、扫描方向
3	SCANY　　22.0000　　-1360.0000 -1192.0000 8.0000　　FORWARD	测试时设置的扫描轴的扫描点数、开始位置、结束位置、扫描步进、扫描方向
4	FREQ LIST　　3.000000　1.000000000 1.500000000　　2.000000000	测试时设置的测试频率列表，频率个数与频率值
5	BEAM 1	波束，1 个
6	AXIS 0	扫描轴，0 为 Y，1 为 X
7	BINS 1	开关通道，1 个
8	SELECTED SCAN ALL	全部扫描范围数据
9	SELECTED FREQ ALL	全部扫描频率数据
10	SELECTED BEAM ALL	全部扫描波束数据
11	SELECTED BINS ALL	全部扫描通道数据
12	DATA_START	数据开始标志

　　程序在运行过程中，如果用户单击停止，将执行"停止测试值改变"事件结构中的程序，把"测量停止总开关"全局变量赋值为布尔真。此时，如果程序正在执行扫描架中的流程，则需要中断流程，因此，需要在运行扫描架流程中增加条件结构，在测量到停止总开关全局变量为假时执行运行扫描架的动作，为真时，条件结构分支为空，不执行任何程序，这样就可以直接停止每个顺序结构中的程序，如图 11.148 所示。

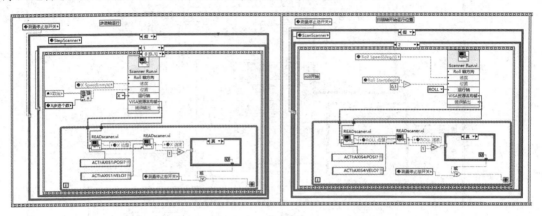

图 11.148　运行扫描架值改变事件下测量停止总开关

　　在初始化参数的程序框图中，增加了一个顺序结构，用来初始化幅度与相位显示的 X 轴范围，写入文件头信息以及前面板关闭按钮禁用，启动测试按钮变灰禁用等初始化动作，如图 11.149 与图 11.150 所示。

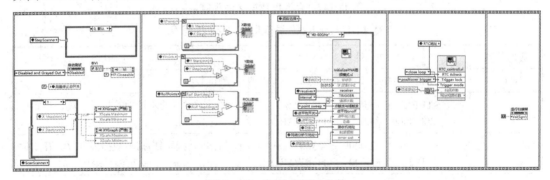

图 11.149　初始化测试参数

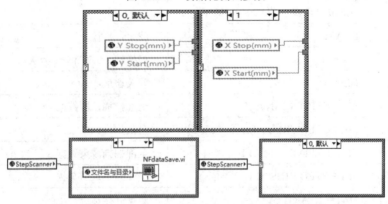

图 11.150　初始化 XY 图的 X 坐标分支与保存数据头分支

11.11.4　位置实时显示

至此，近场测试的程序已经全部编写完成，但是在实际运行过程中发现，在测试界面缺少实时位置显示的内容。因此，可以设计一个测试过程中弹出显示的实时位置界面。新建一个近场实时显示的 VI，在这个 VI 中实现实时显示的功能。当用户在近场测试界面单击"启动测试"布尔按钮后，弹出这个 VI 界面的近场实时显示。设置了三个轴的位置与速度显示数值对话框，并且使用了"工具选板"中的颜色笔更改数值显示框的背景色，如图 11.151 所示。

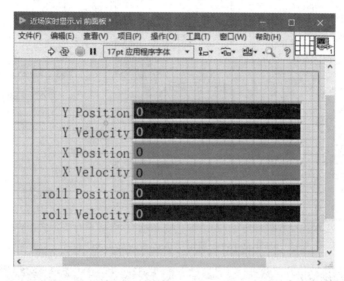

图 11.151　"近场实时显示.vi"前面板

"近场实时显示.vi"程序框图如图 11.152 所示，利用一个 while 循环和超时事件结构，把三个轴的位置和速度全局变量的值传递给对应的数值显示控件，while 循环的结束条件为测量停止总开关为"真"，同时调用前面板关闭属性节点，关闭前面板界面。

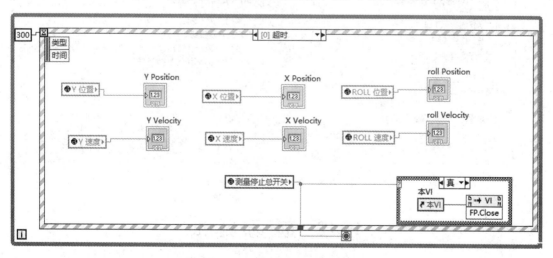

图 11.152　近场实时显示程序框图

"近场实时显示.vi"采用动态调用的方式，在单击启动测试按钮时，把静态调用的程序框图添加到启动测试值改变的顺序结构中，如图 11.153 所示。同时需要设置前面板的 VI 属性，如图 11.154 所示。在自定义窗口外观中，勾选调用时显示前面板，并且窗口动作选择浮动。当程序动态调用时，前面板才能显示出来，并且可以在任意界面中进行切换。

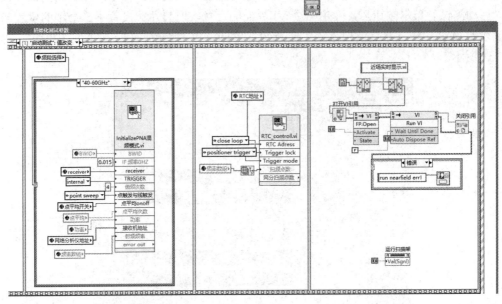

图 11.153 调用"近场实时显示.vi"

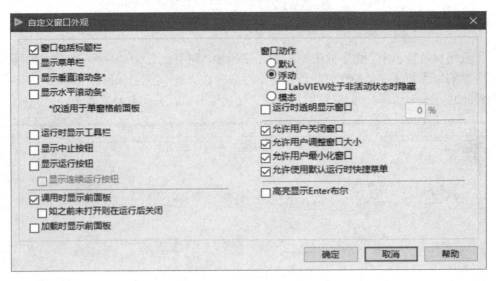

图 11.154 近场"实时显示.vi"的 VI 属性设置

11.12 远 场 测 试

远场测试的流程和近场测试的流程基本一致，只是在程序测试流程中将控制扫描架的内容替换为控制转台的内容，由于该测试系统中转台不具备同步脉冲触发信号的能力，与近场测试不同的地方是通过实时读取的转台位置信息判断读取网络分析仪测量数据的情况。当运行的角度位置大于需要采集的角度位置时，使用"readSDATA.vi"读取网络分析仪的幅度相位数据并将其显示与保存。

　　远场实时显示也与近场的"近场实时显示.vi"一样，把全局变量更换为远场的方位与俯仰即可。为了方便程序的编写，可以直接复制一个"近场测试.vi"，修改 VI 的名称为"远场测试.vi"，在此基础上修改程序框图中的内容为远场，这样做可大大提高编程的效率。另外，需要在"主程序.vi"的测量事件结构中增加测试场地类型的条件结构，当主界面程序测试场地类型选择 Farfiled 时，动态调用"远场测试.vi"，如图 11.155 所示。

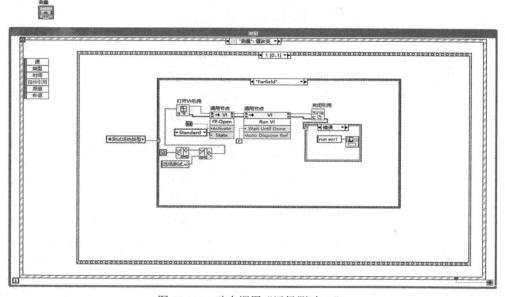

图 11.155　动态调用"远场测试.vi"

　　远场测试的流程和近场测试的流程基本一致，只是在程序测试流程中将控制扫描架的程序替换为控制转台的程序，初始化测试参数中的程序框图如图 11.156 所示。保存远场数据的文件头信息"FFdatasave.vi"的程序框图如图 11.157 所示。可以看到在顺序结构中删除了初始化 RTC 的程序 VI，将近场测试的轴替换为远场的转台方位轴与俯仰轴，近场的实时显示替换为远场的实时显示，程序框图如图 11.158 所示。

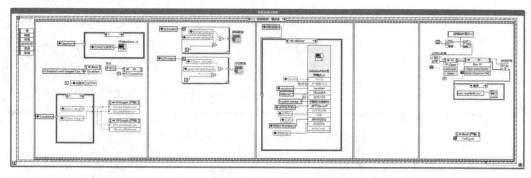

图 11.156　远场初始化测试事件结构

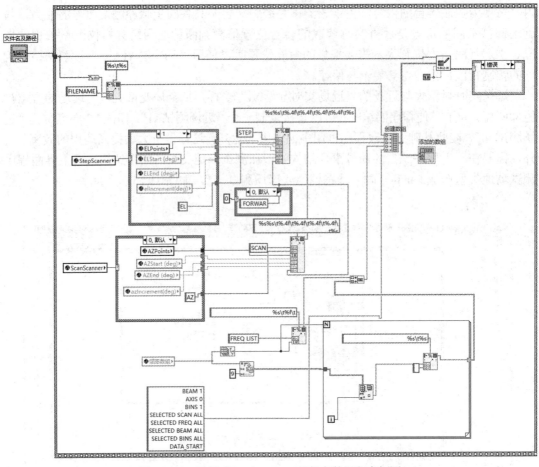

图 11.157 远场 "FFdatasave.vi" 保存数据程序框图

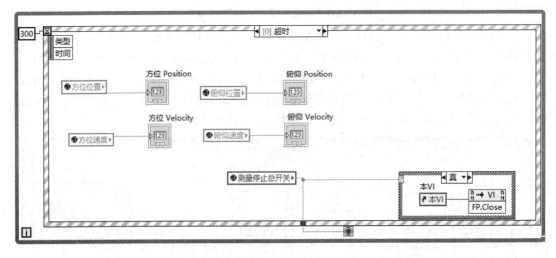

图 11.158 "远场实时显示.vi" 程序框图

将远场测试运行扫描架的程序框图修改成运行转台的程序,如图 11.159 及图 11.160 所示。在图 11.156 所示的顺序结构 3 中,去掉了网分的外触发与点触发的测试模式,是由于转台不具有同步脉冲的触发功能所致。网络分析仪在初始化时设置为内触发模式，在转台运行过程中，实时进行自动扫描测试，软件实时读取测试数据即可。因此，也不需要配置转台同步触发脉冲的程序，在程序运行到测试开始角度后，程序跳转到实时采集显示的事件结构，同时转台向结束位置运行。在运行过程中实时反馈角度数据给全局变量方位位置或俯仰位置，那么，此时两个运行转台与实时采集显示事件结构中的循环同时运行，使用全局变量方位位置或俯仰位置进行数据的写入与读取。

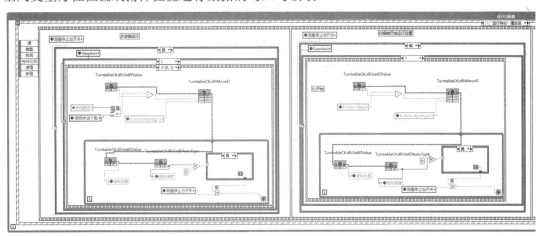

图 11.159　远场测试运行转台架程序框图 1

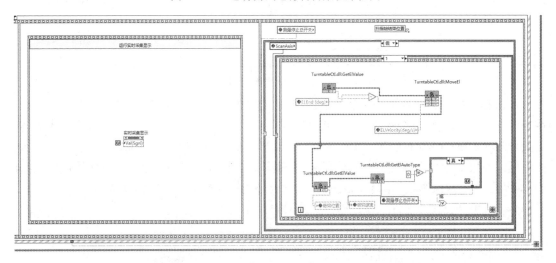

图 11.160　远场测试运行转台架程序框图 2

　　远场测试实时采集显示与存储的程序框图如图 11.161 所示，在第一个顺序结构中增加了一个全局变量"预计采集点数"，并且将其初始化为 0，同时幅度数组与相位数组也被初始化成了空数组。在第二个顺序结构中读取了方位位置或者俯仰位置，与需要采集的角度进行比较，如图 11.162 所示。若实时运行的角度大于等于需要采集矢网的幅度相位角度，则使用"readSDATA.vi"读取矢网的测试数据，再通过创建数组函数，利用该函数的寄存器功能，把单点幅度相位连接成二维幅度数组与相位数组，根据数据的排列形式，使用删除数组函数把需要画图的频率数据进行剔除并与角度数组组合进行绘图与显示。

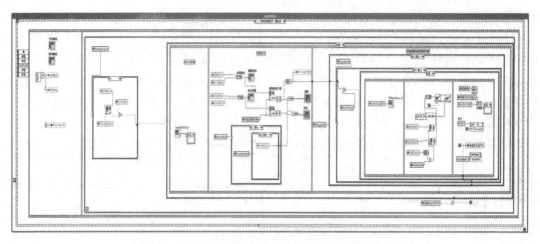

图 11.161　远场测试实时采集显示与存储程序框图

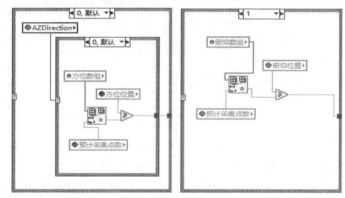

图 11.162　远场测试采集数据判断条件分支

在保存数据的顺序结构中，根据步进轴与扫描轴全局变量，创建了几个条件选择分支，用来保存方位或俯仰的测试数据，如图 11.163～图 11.166 所示。利用"预计采集点数"全局变量与 AZPoints 进行比较，如果二者大小相等，那么测试数据采集完成，进入保存数据的流程；如果二者大小不相等，则继续 while 循环。在图 11.163 所示的存储数据的顺序结构 2 中使用了重排数组维数的函数，该函数把二维数据重新排列成规定的数据格式并写入文件。

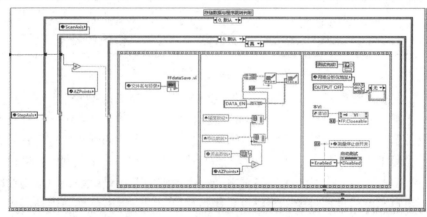

图 11.163　方位轴扫描判断与存储条件分支真

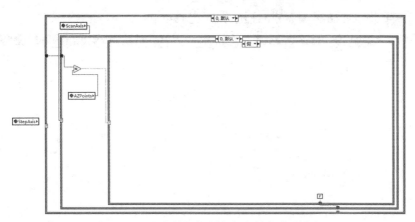

图 11.164　方位轴扫描判断与存储条件分支假

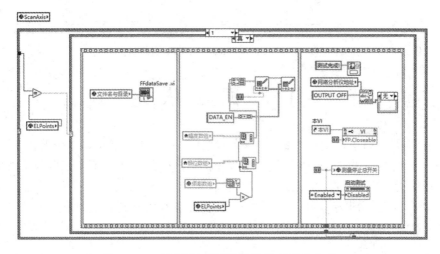

图 11.165　俯仰轴扫描判断与存储条件分支真

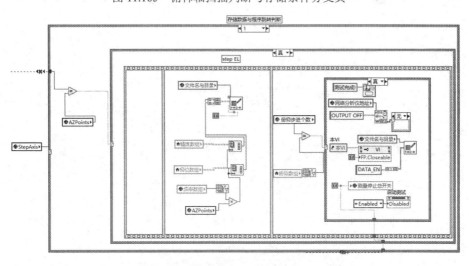

图 11.166　俯仰轴扫描判断与存储条件分支假

在停止测试事件结构中，把停止扫描架的通信协议更换成停止转台的通信协议，如图

11.167 所示。至此，远场测试部分的程序编写完成。

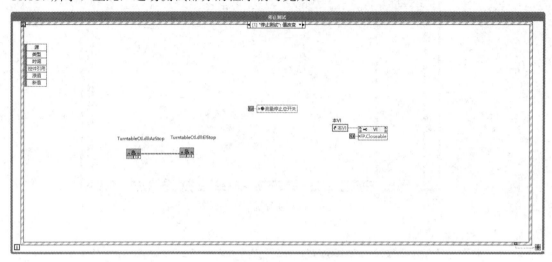

图 11.167　远场测试停止测试程序框图

11.13　退 出 软 件

在"主程序.vi"的前面板上添加一个布尔按钮，修改标签名称为"退出软件"，同时在测量的事件结构中添加退出软件的值改变程序框图，如图 11.168 所示。调用了消息对话框以及系统应用程序控制中的退出 LabVIEW 函数，当用户单击"退出软件"按钮后，弹出消息对话框，提示用户是否退出软件，单击"yes"，执行退出 LabVIEW 的动作，软件退出。

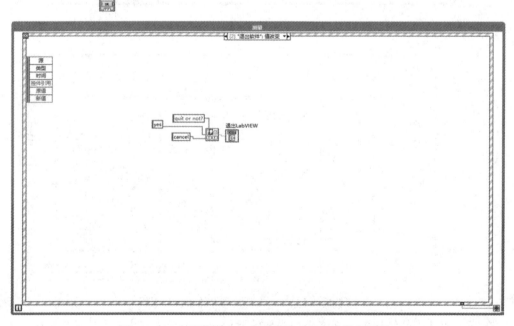

图 11.168　主程序退出软件按钮值改变事件程序框图

11.14　修饰及美化

　　程序开发完成后，在主界面的前面板菜单栏中单击"查看"→"VI 层次结构(H)"，显示如图 11.169 所示的采集软件 VI 层次结构。从图 11.169 中可以看到软件编写所使用的全部函数以及调用关系，使用第 8 章中的内容对前面板界面进行修饰及美化工作。在前面板上添加文字标题"平面近场与远场天线测试系统"，设置软件的背景图片、软件按钮的颜色、增加修饰的下凹框等，如图 11.170～图 11.178 所示。完成修饰后可以使用第 10 章的内容进行打包与安装。

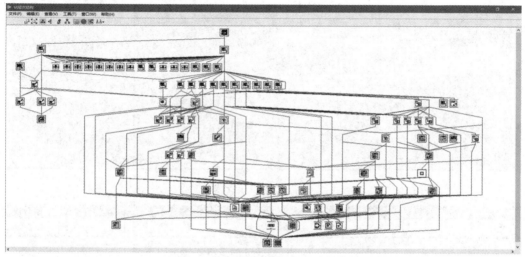

图 11.169　采集软件 VI 层次结构

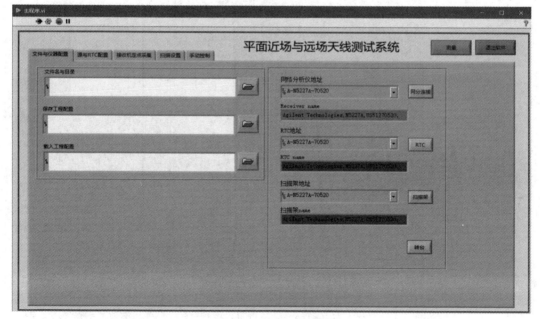

图 11.170　文件与仪器配置

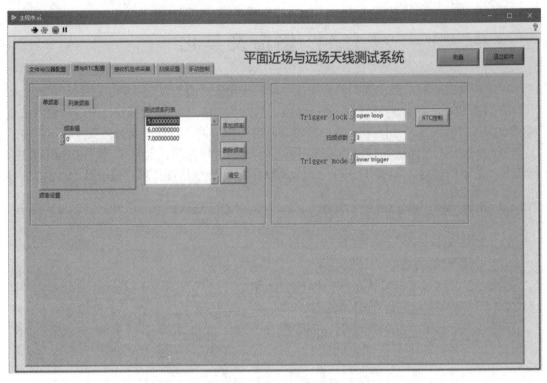

图 11.171 源与 RTC 配置

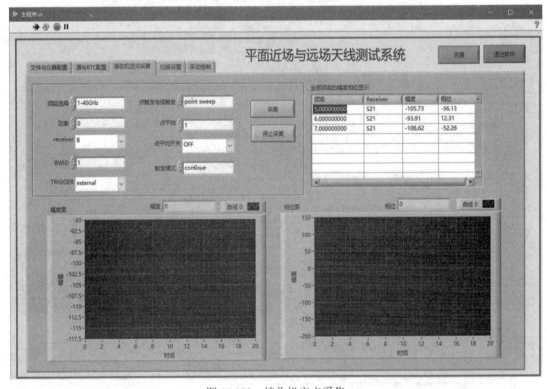

图 11.172 接收机定点采集

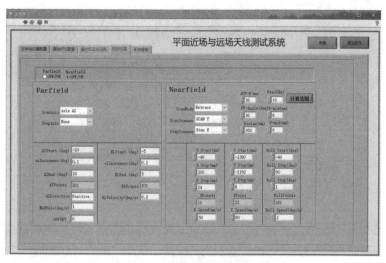

图 11.173　扫描设置

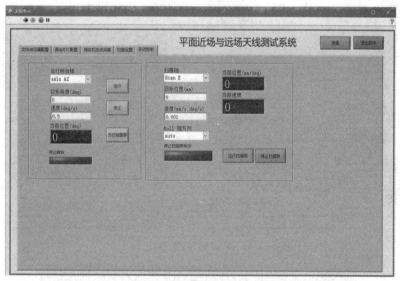

图 11.174　手动控制

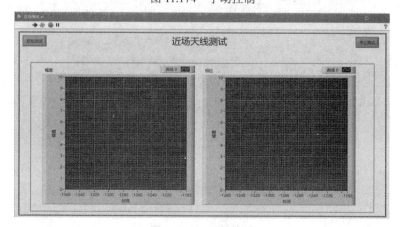

图 11.175　近场测试

图 11.176　近场实时显示

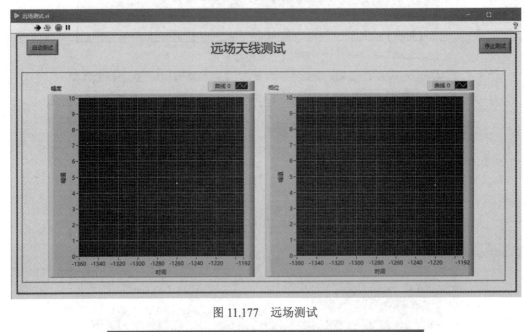

图 11.177　远场测试

图 11.178　远场实时显示

天线测试系统分析软件源码解析

12.1　软件要求与设计思路

12.1.1　软件要求

天线测试系统分析软件应包括数据计算处理、指标分析、绘图显示等功能，可对一些常用天线指标进行分析，并可对数据结果进行二维与三维的图形显示、近远场数据处理、归一化以及自动生成测试报告等操作。具体功能要求如下：

(1) 参数分析：可以分析方向图的第一零点位置、零点电平、第一副瓣位置、副瓣电平，查找方向图的波瓣宽度、最大值、最小值，并可对幅度及相位方向图进行归一化处理；

(2) 多文件分析：为了比较多次测量的结果，考察系统的一致性，或比较不同环境下的天线方向图中的多方向图显示，可在一张图上同时给出同类文件各条颜色不同的曲线；

(3) 可完成(圆)极化天线垂直与平行两个切面的合成方向图、轴比图和极化隔离度图；

(4) 可任选显示角度、幅度的直角、极坐标方向图，并对图形坐标范围可控；

(5) 具有系统幅相随时间、温度漂移的补偿能力；

(6) 系统软件近远场变换可对探头的性能进行补偿，支持开口波导以外形式的天线做探头；

(7) 具有多波束、多频点、多通道、双极化测试的数据处理能力。

12.1.2　设计思路

数据分析软件的程序界面可以与采集软件的程序界面形式一样，采用选项卡控件的样式进行数据文件的导入与绘图设置。数据处理与数据分析可以设置成菜单选项的形式。

新建一个 VI，另存为"数据分析软件主界面.vi"，调整前面板的窗口大小，并在前面板上添加选项卡控件。编辑每个选项卡控件的标签名称分别为"文件与绘图选择""二维直角坐标绘图设置""二维极坐标绘图设置""三维直角坐标绘图设置""三维强度图绘图设置"，如图 12.1 所示。在"文件与绘图选择"选项卡界面中，添加一些测试文件的导入、数据的文件头参数显示、绘图坐标的选择等功能；在后面的四个选项卡控件中分别设置对应绘图坐标系的参数，如坐标范围、归一化等。

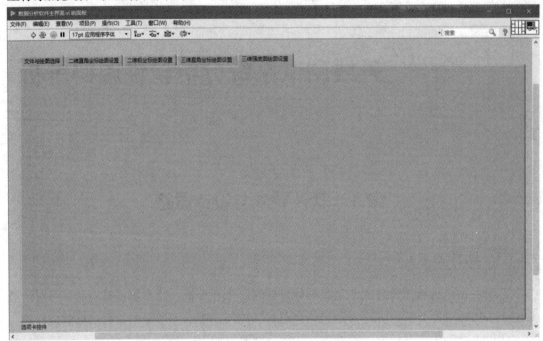

图 12.1　数据分析软件主界面

12.2　文件与绘图选择

单击选项卡控件中的"文件与绘图选择"选项卡，在该选项卡的空白处添加八个单列表框控件，分别修改其标签名称为"测试数据文件路径与文件名""频率""极化""扫描轴""步进轴""幅度""相位""绘图数据"。添加六个布尔确定按钮，分别修改其标签名称为"添加文件""删除文件""清空文件""添加数据""删除数据""清空数据"，并修改布尔文本的名称与之相同。添加三个文本下拉列表控件，分别修改标签名称为"轴选择""幅度相位选择""绘图坐标选择"。在"轴选择"的下拉文本中单击鼠标右键，在弹出的列表框中选择"编辑属性"，在弹出的窗口中添加"扫描轴"与"步进轴"。在"幅度相位选择"的下拉文本中单击鼠标右键，在弹出的列表框中选择"编辑属性"，在弹出的窗口中添加"幅度"与"相位"。在"绘图坐标选择"下拉文本中单击鼠标右键，在弹出的列表框中选择"编辑属性"，在弹出的窗口中添加"二维直角坐标""二维极坐标""三维直角坐标""三维强度图"四种文本列表。最后把控件调整到合适的大小并进行排列分布，如图 12.2 所示。

此时，文件与绘图选择需要的控件就添加完成了，这些控件用于添加文件与导入绘图数据。但是，还需要编辑对应的控件触发事件，即在事件结构下编写相应的程序框图，具体方法是切换至程序框图界面，添加一个 while 循环与事件结构的组合，如图 12.3 所示。

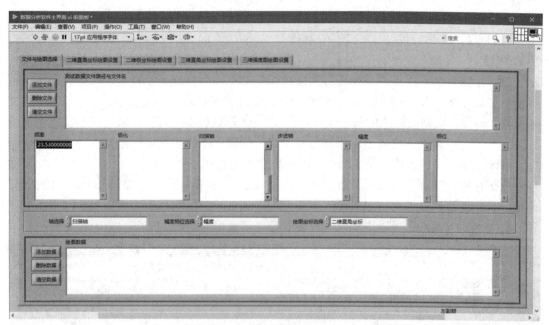

图 12.2　"文件与绘图选择"选项卡

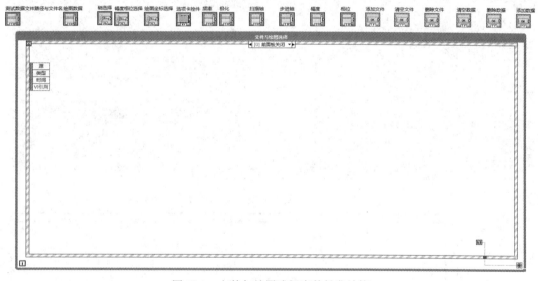

图 12.3　文件与绘图选择事件触发结构

12.2.1　添加文件

当用户单击添加文件按钮时需要执行文件浏览对话框,通过文件浏览对话框选中需要进行绘图的测试数据,这个测试数据是采集软件保存的数据格式。选择测试文件路径,并把测试文件中的内容读取到软件中进行存储,把文件头的信息显示到对应的单列表框中,文件头的信息如表 11-6 所示。这里需要具备能够添加单个文件与多个文件的能力,为了读取文件可以编写一个读数据文件的子 VI,当添加多个数据文件时,每个数据文件依次添加,利用数组把多个文件的数据存储在软件内存中。

新建一个 VI，将其另存为"读数据文件.vi"，作为读取数据文件的子 VI。首先编写该子 VI 的程序，然后再编写添加文件按钮的事件触发。"读数据文件.vi"的前面板与程序框图如图 12.4～图 12.6 所示。其中使用了文件路径选择、检查文件是否存在、是否为空文件路径等三个函数。利用条件结构进行判断，如果文件不存在或是空路径，则会弹出对话框提示"空文件路径"，而不做读取文件的操作。在读取文件的条件分支中，使用了"读取文本文件"函数，根据数据头的信息，循环读取了 11 次数据头，每次读取光标在文本中的位置跳到下一行，读取的内容显示格式为字符串，利用"字符串截取"函数以及"扫描字符串"函数把字符串转换成实数。另外，程序框图中还使用了"删除数组"函数以及"for 循环移位寄存器""电子表格字符串至数组转换"函数、"for 循环生成扫描轴与步进轴的数组"函数。具体细节，读者可自己对照文本文件的格式进行读取数据的编程。当然，不止这一种读取文件的方式，还可以用"读取带分隔符电子表格"函数。

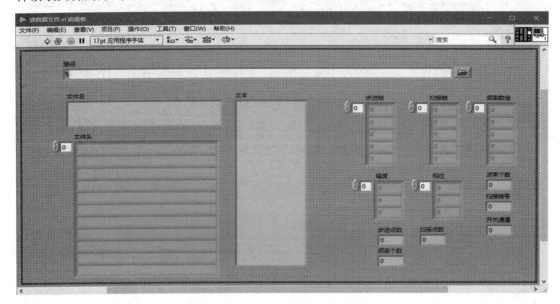

图 12.4 "读数据文件.vi"前面板

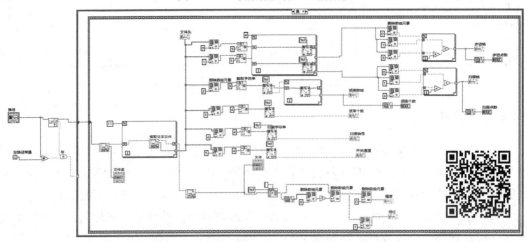

图 12.5 "读数据文件.vi"程序框图条件分支真

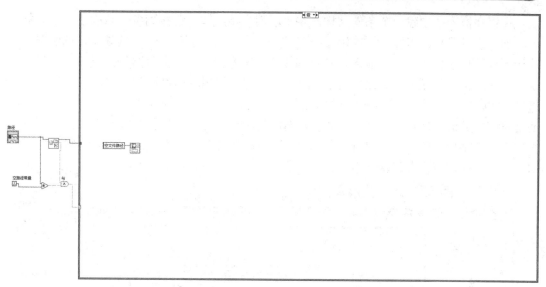

图 12.6　"读数据文件.vi"程序框图条件分支假

　　打开"数据分析软件主界面.vi"的程序框图，在"文件与绘图选择"的事件结构中添加"'添加文件'：值改变""'删除文件'：值改变""'清空文件'：值改变"事件，如图 12.7 所示。

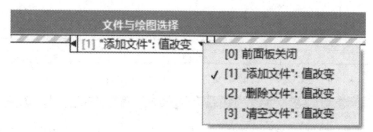

图 12.7　文件与绘图事件结构

　　编写"'添加文件'：值改变"的程序框图，在程序框图中添加"文件对话框"，位于程序框图函数选板中的"编程"→"文件 IO"→"高级文件函数"中，放置到程序框图中会弹出如图 12.8 所示的界面。可选择默认配置，直接单击"确定"即可。用鼠标拖动展开文件对话框的接线端子，可以看到有很多接线端，这里需要用到的是"所选路径""取消"接线端子。

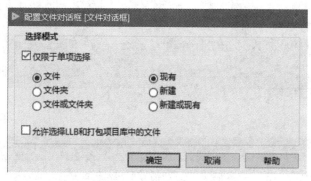

图 12.8　配置文件对话框

在程序框图中创建一个条件结构，将"取消"接线端子连接到条件结构中，在分支假中添加"读数据文件.vi"，并去掉"显示为图标"的属性，同时展开接线端子。把所选路径连接到读数据文件的路径接线端，利用创建数组函数创建一个文件路径数组，用来保存每次添加的新文件路径。如图 12.9 所示，分别创建"测试数据文件路径与文件名""幅度""步进轴""频率""扫描轴""相位"的属性节点"项名"，利用"数值至小数字符串转换"函数把对应的数值类型转换成字符串类型，连接到对应的列表框项名中。然后，运行主程序，当用户单击添加文件布尔按钮时，会弹出文件浏览对话框，选择一个采集软件测试的文件，即可把文件的内容读取到软件中，如图 12.10 所示。

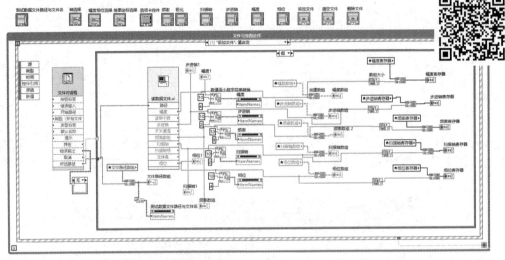

图 12.9 "'添加文件'：值改变"按钮事件结构

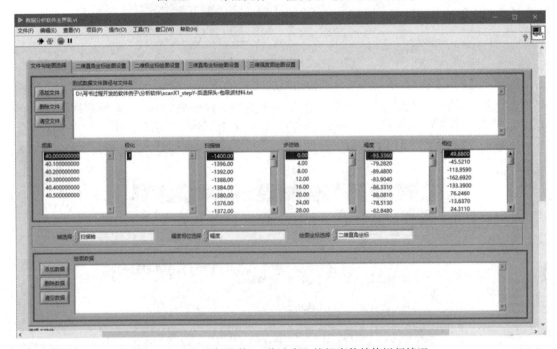

图 12.10 "'添加文件'：值改变"按钮事件结构运行情况

在图 12.9 中，可以看到程序中利用创建数组的函数把读取的文件中的实数参数全部连接成了二维数组，并且创建了相应的寄存器，记录数据的长度。这么做的原因是可以把多个数据文件的数据执行读入操作。以频率数组为例，当用户新添加一个测试文件后，文件中对应的测试频率是一个一维数组，当两个不同长度的一维数组使用创建数组函数进行连接变成二维数组时，会导致长度短的数组在其后自动补 0，从而出现无效的 0。因此，需要单独记录数据的长度，每个新添加的数据都是一维数组，利用寄存器记录数组的长度，方便后期数据调用。

另外一种情况是，当用户添加了多个数据文件后(如图 12.11 所示)，在用户切换列表中的文件时，需要显示不同文件的参数信息，并更新显示列表框中的对应参数。这就需要增加"'测试数据文件路径与文件名'：值改变"事件结构，并编写程序框图，如图 12.12 所示。从图 12.12 所示的程序框图中可以看到，其中使用了测试数据文件路径与文件名这个列表框的局部变量值，通过删除数组函数，把对应的数组转换成字符串并赋值值给对应列表框的属性节点，同时将剔除的数据分别对应接入局部变量幅度 1、相位 1、步进轴 1、扫描轴 1，以便后面添加绘图数据时使用。

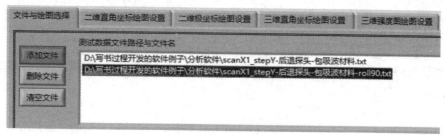

图 12.11　添加多个数据文件

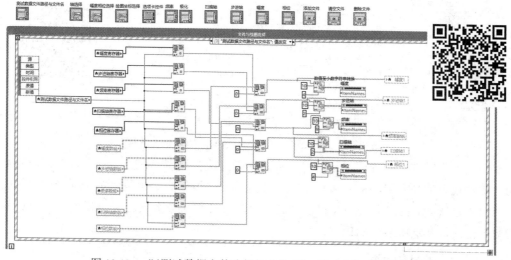

图 12.12　"'测试数据文件路径与文件名'：值改变"事件结构

"'删除文件'：值改变"按钮事件结构中的程序框图如图 12.13 所示，当用户选中"测试数据文件路径与文件名"列表框中的文件，单击"删除文件"布尔按钮后，需要把对应的数据文件删除，并更新寄存器以及对应的二维数组。程序框图中主要使用了"删除数组元素"函数。

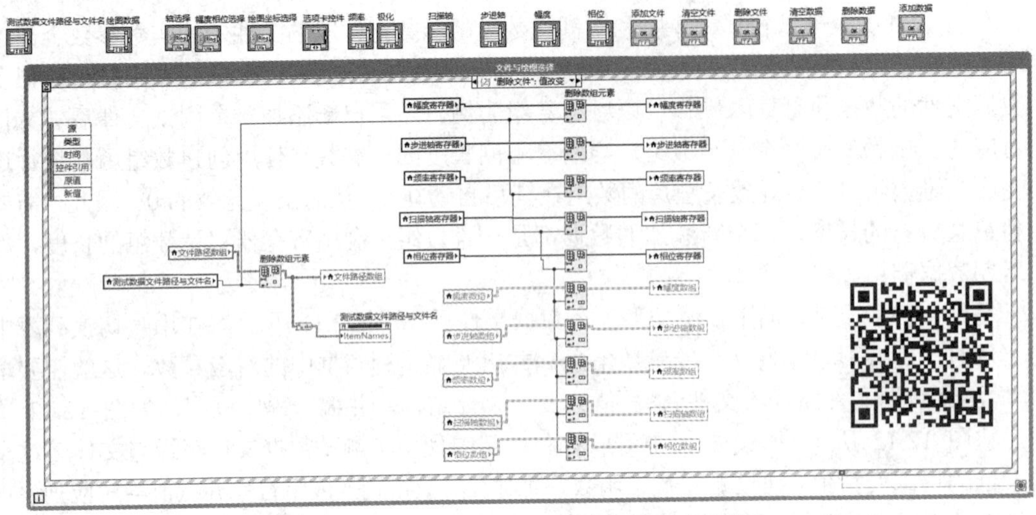

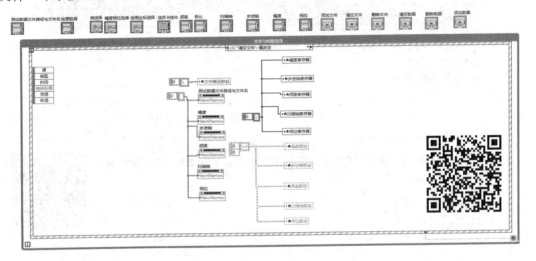

图 12.13　"'删除文件'：值改变"按钮事件结构

"'清空文件'：值改变"事件结构中的程序框图如图 12.14 所示，当用户单击"清空文件"布尔按钮时，将把对应的参数与列表框清空。

图 12.14　"'清空文件'：值改变"按钮事件结构

至此，添加文件的程序已经编写完成。读者可能会发现"极化"列表框控件没有被使用，极化代表的是天线的测试极化，也可以是测试通道信息。本系统中文件格式中的极化信息可以设置为显示"bins"的数量，这一设置方法留给读者自己去尝试，根据自己需要的数据格式，开发可显示的极化信息。

12.2.2　添加绘图数据

添加绘图数据的功能是当用户添加文件后，根据"轴选择""幅度相位选择""绘图坐标选择"三个文本下拉列表中的选项，把需要绘图显示的数据剔除出来，进行绘图前的准备工作，添加的绘图数据将显示在图 12.10 所示界面的"绘图数据"单列表框中。

在主程序的程序框图中添加一个新的 while 循环与事件结构，并修改 while 循环的子程序框图标签名称为"添加绘图数据"，编辑事件结构的事件；分别添加"'添加数据'：值改变""'删除数据'：值改变""'清空数据'：值改变"事件，如图 12.15 所示。

图 12.15　添加绘图数据事件结构

"'添加数据'：值改变"按钮的程序框图如图 12.16 所示。根据画图坐标系文本下拉列表创建一个条件结构分支，分别对应"二维直角坐标""二维极坐标""三维直角坐标""三维强度图"，在每个结构分支中分别编写对应的程序框图。

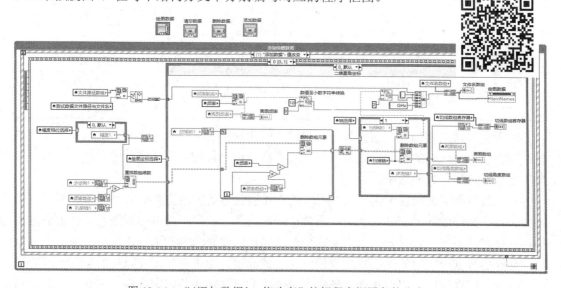

图 12.16　"'添加数据'：值改变"按钮程序框图条件分支 0

绘图数据是根据测试软件采集的数据格式进行导入的，因此，需要把绘图对应频率的幅度或相位数据剔除后再进行使用，框图中使用了"幅度相位选择"文本下拉列表进行幅度 1 与相位 1 的选择。幅度 1 与相位 1 是一维数组，测试时，数据的存储排列方式如表 12-1 所示。其中这是一条扫描轴的测试数据排列方式，在每个步进轴的位置会测试一条扫描轴的数据，依次在文件中向下排列存储。

表 12-1　测试数据的存储排列方式

一个扫描轴的全部位置	扫描轴第一个位置	频率 1 的幅度、相位
		频率 2 的幅度、相位
		频率 3 的幅度、相位
		频率 n−1 的幅度、相位
		频率 n 的幅度、相位
	扫描轴第二个位置	频率 1 的幅度、相位
		频率 2 的幅度、相位
		频率 3 的幅度、相位
		频率 n−1 的幅度、相位
		频率 n 的幅度、相位
一个扫描轴的全部位置	扫描轴第三个位置	频率 1 的幅度、相位
		频率 2 的幅度、相位
		频率 3 的幅度、相位
		频率 n−1 的幅度、相位
		频率 n 的幅度、相位
	中间若干个扫描位置的数据	
	扫描轴最后一个位置	频率 1 的幅度、相位
		频率 2 的幅度、相位
		频率 3 的幅度、相位
		频率 n−1 的幅度、相位
		频率 n 的幅度、相位

　　由于测试数据的幅度、相位为一维数组，因此使用了重排数组维数的函数，按照扫描轴、步进轴以及频率的点数，把数据排列成二维数组。行数对应步进轴的大小，列数对应频率个数与扫描点数的乘积。

　　在二维直角坐标绘图中需要根据用户的选择剔除需要绘图的数据，使用 for 循环剔除需要频点的二维数据，剔除后使用二维数组转置函数，将数据按照扫描轴、步进轴的方式排列。接着，根据"轴选择"这个文本列表，选择需要剔除的扫描轴或者步进轴的一维数据，剔除的数据为需要绘图的幅度或相位的一维数组，由于有时需要同时绘制多条线的功能，因此，同样可以利用创建数组函数创建画图数组、切线数组寄存器、切线角度数组和画图频率数组。

　　把在"测试数据文件路径与文件名"列表框中选中的文件路径数组中的文件名使用"文件路径拆分"函数进行拆分，并对剔除数据的频率、扫描轴或步进轴的角度进行字符串转换，连接成文件名数组，传递给绘图数据列表框进行显示，当用户添加数据时，会在绘图数据列表框中进行相应的显示。

条件分支 1 中二维极坐标添加数据的方式和条件分支 0 中的二维直角坐标一样,如图 12.17 所示。

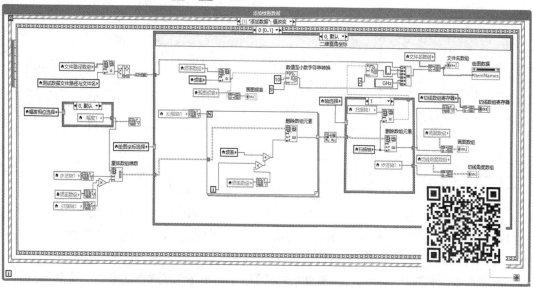

图 12.17 "'添加数据':值改变"按钮程序框图条件分支 1

条件分支 2 中三维直角坐标添加数据程序框图如图 12.18 所示,从图中可以看出只要把相应频率的二维数据剔除,赋值给等值线即可。条件分支 3 与条件分支 2 的程序框图一致,如图 12.19 所示。

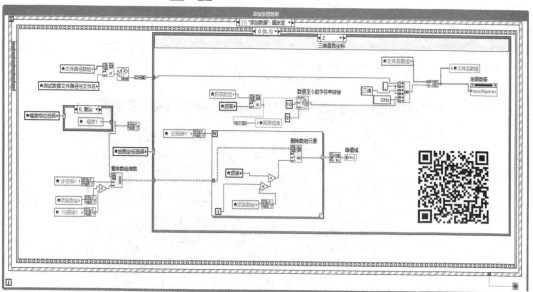

图 12.18 "'添加数据':值改变"按钮程序框图条件分支 2

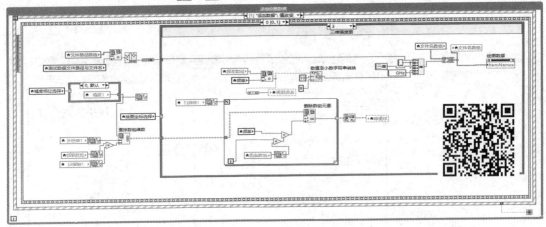

图 12.19 "'添加数据':值改变"按钮程序框图条件分支 3

在程序框图中，还有一个层叠式顺序结构，如图 12.20 所示。在顺序结构 0 中把相应的数据剔除以后，顺序结构 1 中把需要的数据传递给全局变量，方便后期编程绘图使用，全局变量如图 12.21 所示。至此，添加数据布尔按钮的程序框图已经编写完成。

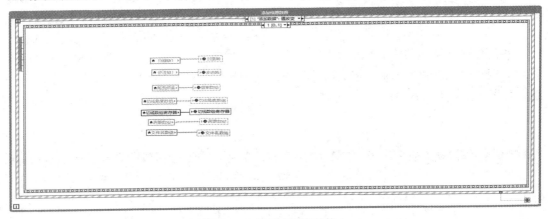

图 12.20 层叠式顺序结构 1

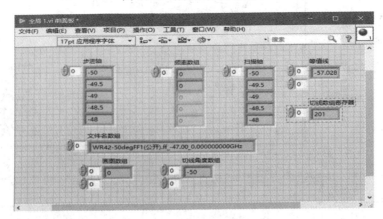

图 12.21 全局变量

编写"'删除数据'：值改变"程序框图，删除数据按钮的操作只要把在绘图数据列表中选中数据从对应的数组中删除即可，程序框图如图 12.22 所示。其中绘图数据使用了属性节点"值"，利用删除数组函数，分别把"文件名数组""画图数组""切线角度数组""切线角度寄存器""频率数组"中对应索引的数据删除，并重新赋值。

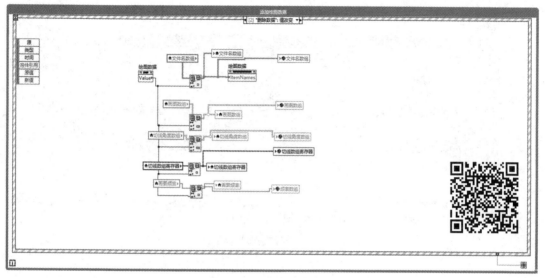

图 12.22　"'删除数据'：值改变"按钮程序框图

　　"'清空数据'：值改变"的程序框图相对比较简单，在程序框图中，把所用的数组以及绘图数据的项名清空即可，如图 12.23 所示。

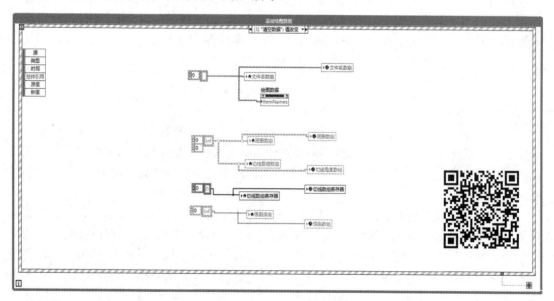

图 12.23　"'清空数据'：值改变"按钮程序框图

　　此时，切换到主界面前面板，单击运行程序按钮(向右箭头)，添加一个测试数据文件，再单击"添加数据"，程序运行正常，如图 12.24 所示。文件与绘图选择选项卡控件中的内容已经编写完成，读者可自行下载源程序，在该源程序框架的基础上进行其他需要的功能扩充。

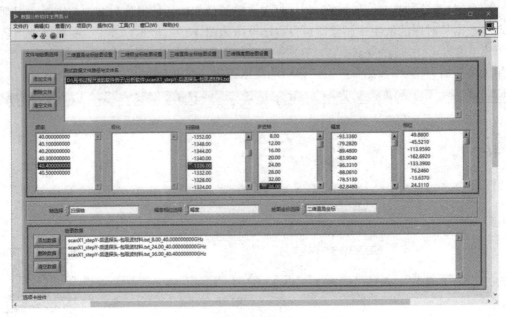

图 12.24　文件与绘图选择程序界面

12.3　绘　　图

绘图是把上文中剔除的数据进行画图操作，LabVIEW 中自带很多绘图控件，使用起来非常方便。在前面板"控件选板""新式""图形"中，可以看到各种绘图控件，分析软件绘图使用 Epress XY 图、极坐标图显示控件、三维曲面图和强度图。

12.3.1　切面图

1. 直角坐标

在"数据分析软件主界面.vi"前面板的选项卡控件"二维直角坐标绘图设置"选项卡中添加一个 Express XY 图控件，将其调整到合适的大小，并使用鼠标右键单击控件，在弹出的属性菜单中选择"显示"→"图例"→"图形工具选板"→"游标图例"，把对应的控件显示出来。

图例是用来设置曲线的颜色的，图形工具选板可以放大、拖动、缩小图像曲线，游标图例可在绘图中添加游标，这些工具是 Express XY 图控件自带的功能，可以使用鼠标调整这些绘图控件的大小，如图 12.25 所示。修改 X 轴坐标的标签为"角度"，另外，在该选项卡界面下添加两个"文本下拉列表"控件，分别修改标签名称为"坐标轴显示方式""是否归一化"。在坐标轴显示方式中，编辑项为"自动""手动"。在"自动"模式下，绘图控件自动设置 X 坐标与 Y 坐标的范围；在"手动"模式下，通过新增的 Xmin、Xmax、Ymin、Ymax 数值输入控件设置坐标范围。"是否归一化"的编辑项为"是"和"否"，用来设置是否为最大值归一化绘图。

在图 12.25 所示界面添加一个"多列列表框"控件到绘图控件的下方，用来显示多个绘图曲线的信息，修改多列列表框的列首字符串分别为"文件名""频率(GHz)""最大值""最大值位置""曲线颜色"。同时，在其前面板的右上角添加两个布尔按钮，分别修改标签与文本按钮的名称为"绘图"与"退出"，用来触发事件结构执行画图程序和退出软件。

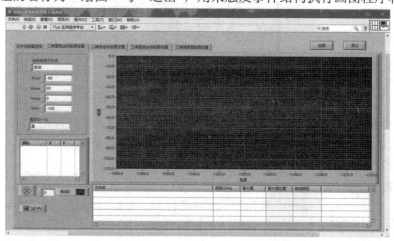

图 12.25　二维直角坐标绘图设置界面

编写二维直角坐标绘图的程序框图，切换到程序框图，在添加绘图数据 while 循环的右侧添加一个新的 while 循环与事件结构的组合，再添加并编辑"'绘图'：值改变"事件。首先，使用"绘图坐标选择"局部变量创建一个条件选择结构分支 0，其为二维直角坐标，在其中添加一个层叠式顺序结构，命名为顺序结构 0，用来编写绘图中的是否归一化、坐标轴显示方式、最大值等，如图 12.26 所示。根据频率数组的数组大小，设置一个 for 循环，每次循环自动剔除每个二维画图数组与切线角度数组中的一行数据，在每个数据中使用最大最小值函数，找出切线数据中的最大值以及最大值索引，利用索引的位置，删除需要的对应角度。另外，在选择归一化条件结构中，把所有数据减去最大值进行数据的归一化。经过 for 循环后，画图数组连接到 Y 输入，切线角度数组连接到 X 输入并进行绘图。坐标轴的显示方式如图 12.27 所示，使用了 XY 图的属性节点"X 标尺""范围""最大值""最小值""Y 标尺""范围""最大值""最小值"，把数值输入控件的值传递给 XY 图的绘图坐标。

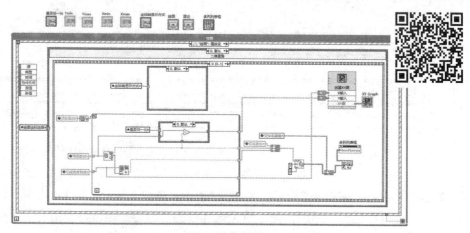

图 12.26　二维直角层叠式顺序结构

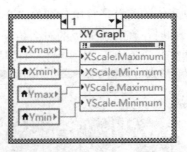

图 12.27　坐标轴显示方式 1 条件分支

利用多列列表框的"项名"属性节点，把需要显示的"文件名数组""频率数组""最大值数组""最大值角度数组"通过创建数组函数进行连接，全部转换成字符串数组，将该字符串数组进行转置后显示到多列列表中。

在层叠式顺序结构 1 中，添加一个平铺式顺序结构，使每条曲线的颜色与列表框中的颜色显示一一对应。颜色显示在多列列表框的第四列，平铺式顺序结构 0 中利用 for 循环、多列列表框活动单元格、多列列表框活动单元格背景色属性节点，以及簇中的按名称捆绑函数，把多列列表框需要显示的曲线颜色设置成白色，这是初始化颜色的工作。如果不进行初始化，则上次绘图的颜色会保持下来，导致数据曲线数量与列表框的颜色数量不一致。

在平铺式顺序结构 1 中，利用 XY 图的属性节点"活动曲线""曲线颜色"，获得曲线的颜色，并写入到多列列表框活动单元格背景色属性节点中进行显示，同时把曲线的"曲线名"设置成 for 循环的曲线标号，如图 12.28 所示。

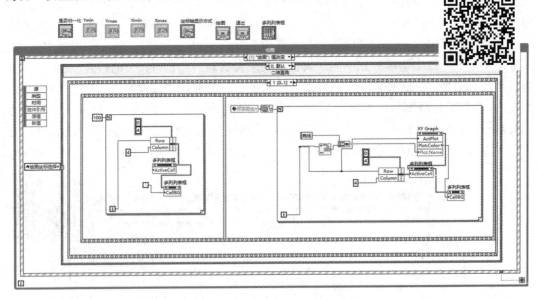

图 12.28　层叠式顺序结构 1——多列列表框的显示颜色与曲线的颜色匹配

此时切换到主程序界面并运行程序，添加一个采集软件的测试数据，添加多条曲线数据，单击绘图布尔按钮，绘图结果如图 12.29 所示。从图 12.29 中可以看出曲线颜色与多列列表框中的曲线颜色一一对应，可以设置坐标轴的显示方式是否归一化，在游标的位置单击鼠标右键创建游标，通过左下角的图形工具选板进行放大等操作。

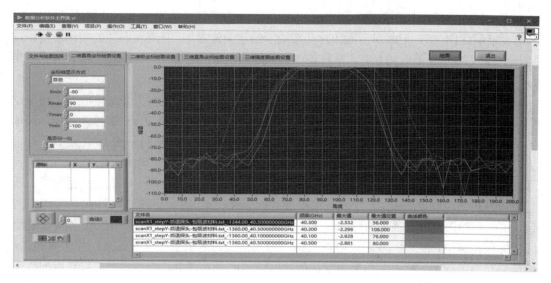

图 12.29　二维直角坐标绘图运行结果

2. 极坐标

在主程序前面板选项卡控件"二维极坐标绘图设置"界面中添加"极坐标图显示控件"。该控件位于前面板控件选板中的"图形"→"控件"→"极坐标图显示控件"中，将其放置到前面板后再拖放到合适的大小。此时，切换到程序框图，可以看到极坐标显示控件的程序框图，在"绘图坐标选择"的条件分支 1 中编写极坐标绘图的程序框图，在条件分支 1 中添加一个层叠式顺序结构，并添加一个帧，变成顺序 0 与顺序 1。在顺序结构 0 中，创建一个平铺式顺序结构，并在后面添加一个帧，如图 12.30 所示。

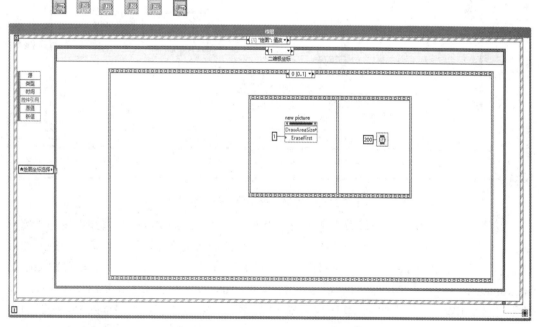

图 12.30　二维极坐标层叠式顺序结构 0

在平铺式顺序结构中创建一个"new picture"的属性节点，分别选择"绘图区域大小"和"画前清除图片"，把画前清除图片接线端子创建为常量 1。接着在右边的顺序结构中添加一个等待 200 ms 的时间延时，这样做的目的是，当程序运行画极坐标图之前，清空极坐标图片上之前显示的内容，防止图片的重叠绘图。

切换到层叠式顺序结构 1，把之前创建的"极坐标图显示控件"全部拖放到该顺序结构中，并用鼠标右键单击"Polar Plot with Point Options.vi"，去掉勾选"显示为图标"选项的属性，并下拉鼠标展开接线端子，可以发现这其实是 LabVIEW 自带的子 VI 函数。这里需要连接绘图的接线端子有"极坐标属性""数据数组大小""尺寸(宽度、高度)"，其实"尺寸(宽度、高度)"是控件的属性节点，在创建"极坐标图显示控件"时就自动创建了。我们只需要在属性节点下添加一个画前清除图片的属性节点"Evase First"即可，并给它赋 0 值，这样在绘图前就不需要清除图片了，如图 12.31 所示。此时，创建一个 for 循环，把绘图控件框在其中，把全局变量"画图数组"与"切线角度数组"复制过来，并连接到 for 循环的左侧边框上，接线类型采用默认值，这样 for 循环就会根据这两个二维数组的行数进行循环，每次循环会剔除一个行的数据。

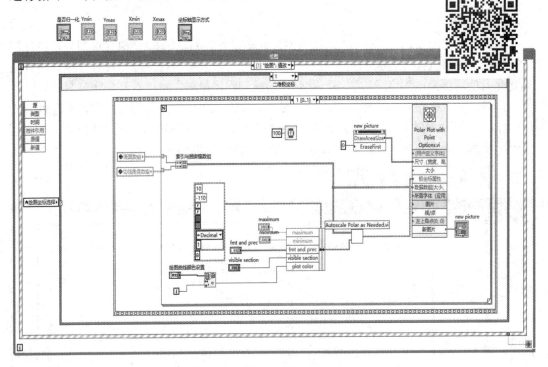

图 12.31　二维极坐标层叠式顺序结构 1

接着使用"索引与捆绑簇数组"函数，把两个一维数组捆绑成簇数组并连接到"数据数组[大小、相位(度)]"子 VI 的接线端子中，这样绘图数据就连接好了。极坐标的属性设置需要一个"Autoscale Polar as Needed.vi"的子 VI，位于"C:\Program Files (x86)\National Instruments\LabVIEW 2018\vi.lib\picture\polarplt.llb\Autoscale Polar as Needed.vi"的路径下，它是 LabVIEW 自带的子 VI，其属性如图 12.32 所示。将其添加到程序框图中，把索引与捆绑簇数组的输出接线连接到"Autoscale Polar as Needed.vi"子 VI 的"数据"接线端。

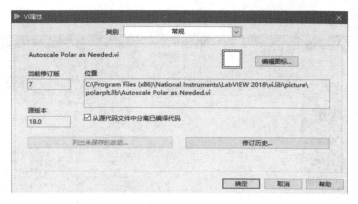

图 12.32 Autoscale Polar as Needed.vi 的属性

在极坐标属性的接线端创建一个常量，把簇函数中的"按名称捆绑"函数添加到程序框图中，按照图 12.31 所示的内容进行连线，同时创建"maximum""minimum""fmt and prec""visible section"输入控件，这些输入控件用来配置极坐标的绘图属性。为了使绘图中的每条曲线的颜色不同，需要创建一个绘图曲线颜色一维数组，数组中的数值为颜色常量的数值。利用 for 循环的索引与删除数组函数，把每条线的颜色剔除并连线到"plot color"接线端子。由于绘图过程需要一些时间，因此，每条线绘制间隔可设置为 100 ms 的时间延时，当 for 循环绘图时，每次绘制一条数据切线，延时 100 ms 后，绘制下一条曲线，直到 for 循环结束为止。当然 for 循环不会无限循环下去，因为循环次数是"画图数组"的行数，也就是用户添加的切线数量。

切换到前面板，把新创建的输入控件放置到合适的位置，并使用修饰中的"下凹框"进行区域的划分，此时极坐标绘图的程序就编写完成了，如图 12.33 所示。

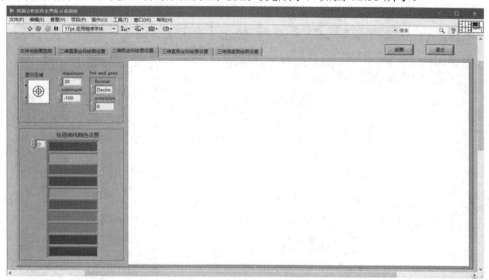

图 12.33 二维极坐标设置选项卡界面

单击运行程序按钮(向右箭头)，在弹出的界面中选择"文件与绘图选择"，切换至图 12.24 所示的界面，将"绘图坐标选择"项选为"二维极坐标"，单击"添加数据"按钮，添加需要的绘图数据，再单击"二维极坐标绘图设置"按钮，切换至图 12.33 所示的界面，最后单击"绘图"按钮，可以看到程序的运行结果如图 12.34 所示。

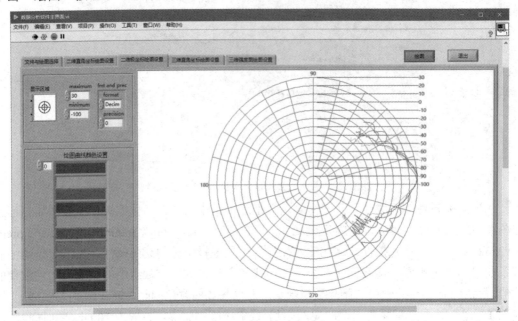

图 12.34　二维极坐标绘图结果

12.3.2　三维图

在主界面前面板选项卡控件的"三维直角坐标绘图设置"选项卡界面上添加"曲面"控件。该控件位于前面板控件选板中的"图形"→"三维图形"→"曲面"中，使用鼠标将其调整到合适的大小，如图 12.35 所示。

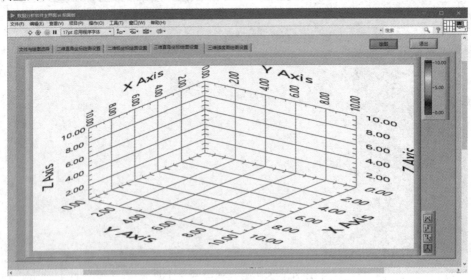

图 12.35　三维直角坐标绘图

切换到程序框图界面，在"绘图坐标选择"条件分支 2 中编写程序框图，把刚创建的"图形"函数全部拖放到条件分支 2 中。根据"Plot Helper.vi"的接线端子类型判断需要

的是 X 矩阵、Y 矩阵还是 Z 矩阵中的哪一个矩阵。因此，利用两个 for 循环，把一维数组
"扫描轴"与"步进轴"转换为二维数据，转换后的步进轴数组需要进行转置才能与扫描
轴数组的行列数的规格一致。

　　分别把创建的两个二维数组连接至 X 矩阵与 Y 矩阵的接线端子，复制一个等值线的局
部变量，复制的方法是使用 Ctrl+鼠标拖动的方式，否则，往往会在一个局部变量的输入控
件上引起错误，把等值线全局变量连接到 Z 矩阵接线端子，如图 12.36 所示。

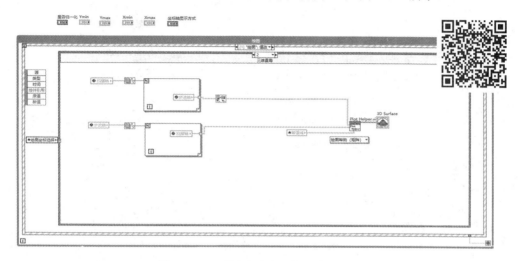

图 12.36　三维直角坐标绘图程序框图

　　此时，运行程序，添加测试数据，绘图坐标选择三维直角坐标，单击"绘图"按钮，
绘图结果如图 12.37 所示。程序执行正常，由于三维数据不需要多个绘图叠加在一起，因
此每个频点的数组可单独进行切换并添加数据后进行绘图。另外，在绘图界面单击鼠标右
键，在弹出的菜单中选择"三维图属性"，出现如图 12.38 所示界面。在该界面中可设置很多
关于绘图的参数。此外，还有"呈现窗"属性，单击以后三维图形可单独弹出独立显示，如图
12.39 所示。

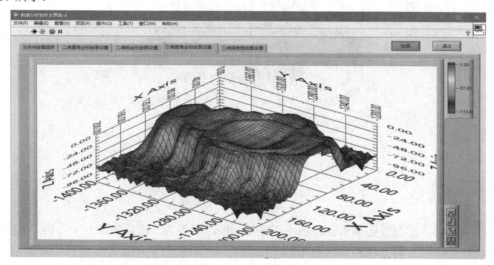

图 12.37　三维直角坐标绘图结果

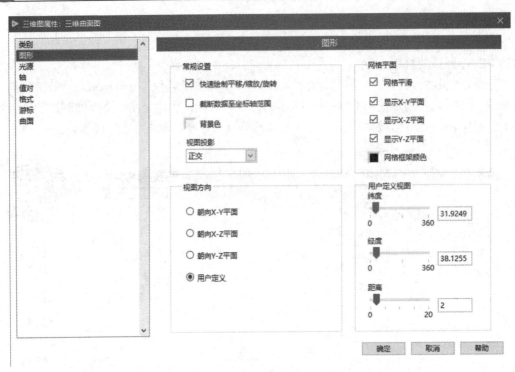

图 12.38　三维直角坐标绘图属性

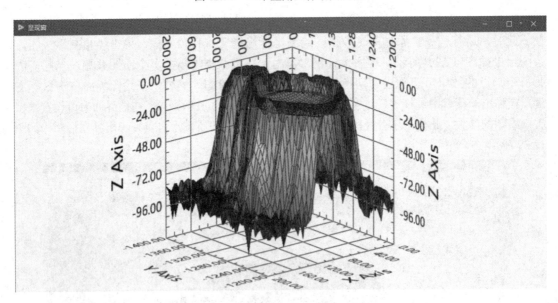

图 12.39　三维直角坐标绘图呈现窗

12.3.3　强度图

在主界面的前面板选项卡控件的"三维强度图绘图设置"选项卡界面中添加"强度图"控件。该控件位于前面板控件选板中的"图形"→"强度图"中，使用鼠标将其调整到合适的大小，如图 12.40 所示。

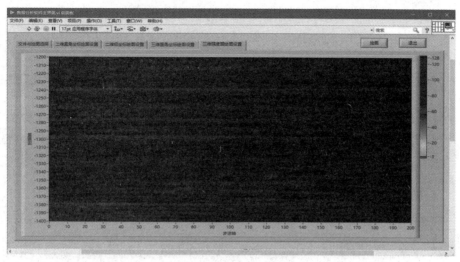

图 12.40 三维强度图绘图

切换到程序框图界面，在"绘图坐标选择"条件分支 3 中编写程序框图，把刚创建的"强度图"函数全部拖放到条件分支 3 中，并创建一个平铺式顺序结构，复制一个"等值线"局部变量，连接到强度图的接线端子，强度图的接线端子正是与"等值线"数据类型匹配的二维数组。

在平铺式顺序结构的后面添加一个帧结构，在其中创建一个强度图的属性节点，用来设置强度图显示的坐标范围，其中需要设置的包括"XY 标尺.范围最大值""XY 标尺.范围最小值""XY 标尺.范围增量""XY 标尺.范围次增量""XY 标尺.偏移量与缩放系数.偏移量""XY 标尺.偏移量与缩放系数.缩放系数"，其中对应的是扫描轴与步进轴的最大值、最小值与步进值。利用删除数组函数把扫描轴与步进轴全局变量中的值剔除出来，连接至相应的属性节点接线端子，如图 12.41 所示。在强度图上单击鼠标右键，在弹出的属性菜单中单击创建"引用"，把该引用连接到属性节点的左上角，通过该引用调用强度图的属性节点，对强度图的坐标进行配置。

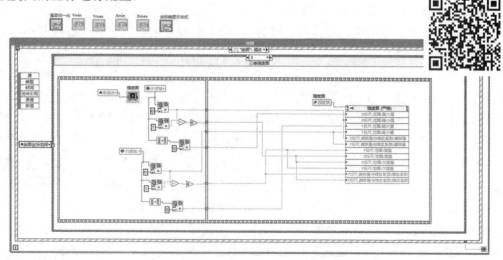

图 12.41 三维强度图绘图程序框图

此时，切换到前面板，运行程序，添加测试数据，绘图坐标选择三维强度图，单击"绘图"按钮，程序运行正常。强度图与三维直角坐标绘图一样，每次只能绘制一个频率的数据，绘图结果如图 12.42 所示。

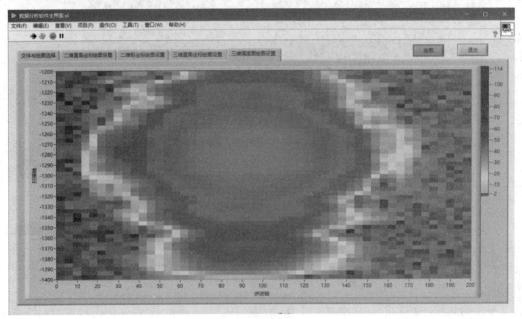

图 12.42　三维强度图绘图结果

12.4　数　据　分　析

12.4.1　副瓣电平分析

副瓣电平在方向图的数据分析中非常常见，也是方向图的常用指标之一。一般副瓣电平查看切线的较多，在绘图以后查看比较清晰明了，因此，在二维直角坐标绘图中增加了查找副瓣电平的功能。

首先编写查找副瓣电平的子 VI 函数，新建一个 VI，将其另存为"查找副瓣电平 vi"。切换到程序框图界面，编写程序框图，程序自动查找副瓣电平的原则，从第一个数据开始，把数据依次前后做比较，在连续的七个数据中，数据的大小排列为：数据 1＜数据 2＜数据 3＜数据 4＞数据 5＞数据 6＞数据 7 时，此时数据 4 即为副瓣，也就是求符合规律的数据，程序框图如图 12.43 所示。其中主要使用了 for 循环，在 for 循环中使用了删除数组函数、选择函数。查找的副瓣电平数组，利用最大值索引进行数组拆分，拆分后前一个数组中包含方向图最大值的点，利用一维数组排序函数以及删除数组元素函数把数组中最大值的点进行删除，此时数组中的最大值即为左副瓣电平。同样利用最大值函数求出右副瓣电平，然后利用搜索函数，找到副瓣电平对应的角度数组中的角度位置，"查找副瓣电平.vi"子VI 的前面板，如图 12.44 所示。

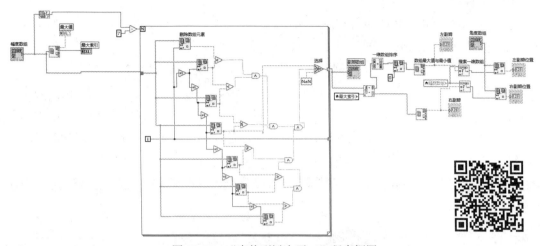

图 12.43　"查找副瓣电平.vi"程序框图

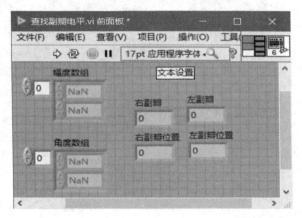

图 12.44　"查找副瓣电平.vi"前面板

接着在二维直角坐标画图的条件选择分支中添加"查找副瓣电平.vi"，放置在 for 循环中，每次 for 循环查找一条切线的副瓣电平结果，并在 for 循环结束后，把副瓣电平的结果转换成字符串，连接至创建字符串数组的函数下方，如图 12.45 所示。

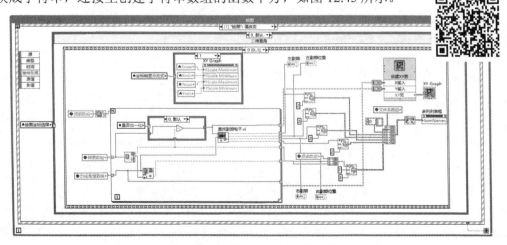

图 12.45　二维直角坐标程序框图

此时，切换至前面板，运行程序，添加绘图数据，选择二维直角坐标，单击绘图布尔按钮。绘图与计算副瓣电平的结果如图 12.46 所示。其中副瓣显示的结果在多列列表框的5、6、7、8 列。把多列列表框的列首名称分别修改为"左副瓣""左副瓣位置""右副瓣""右副瓣位置"，这样就实现了查找副瓣电平的功能。由于在某些情况下，测试的方向图数据有抖动，计算副瓣的结果可能不是用户需要的那个副瓣电平，因此，可以使用游标来查看副瓣电平的位置。用鼠标拖动游标至曲线位置，在拖动过程中会实时显示游标的 X、Y 的坐标，Y 的值即为副瓣电平的值。

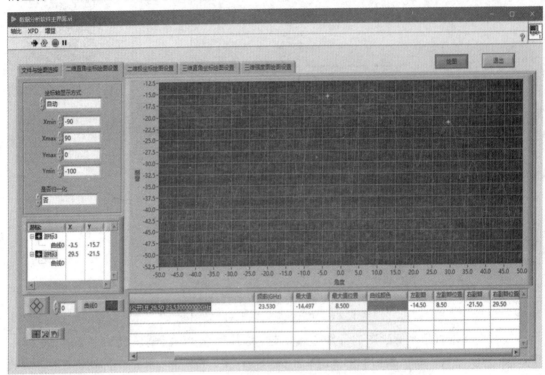

图 12.46　二维直角坐标绘图副瓣显示结果

12.4.2　波束宽度

波束宽度的计算是在最大值下降 3 dB 或者 6 dB 时的角度范围，也可以在二维直角坐标绘图中进行实现。计算的波束宽度结果如同副瓣一样，显示在多列列表框中。首先，新建一个 VI，另存为"波束宽度.vi"，编写该子 VI 的程序框图如图 12.47 所示。创建要计算的角度数组、幅度数组、波束宽度电平值的一维数组与数值输入控件，使用数组函数中的"以阈值插值一维数组"函数，把最大值减去波束宽度电平值的结果用在幅度数组中插值查找到插值索引，利用最大值的索引减去插值索引，计算出方向图最大值从左侧下降波束宽度电平值的索引值，然后翻转幅度数组，计算出方向图从右侧下降至偶数宽度电平值的索引，把左右两侧的索引值所占的点数与角度步进相乘计算出插值的波束宽度。"波束宽度.vi"的前面板如图 12.48 所示。

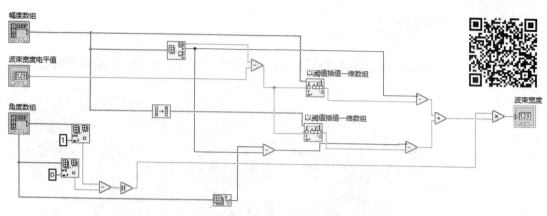

图 12.47　"波束宽度.vi"程序框图

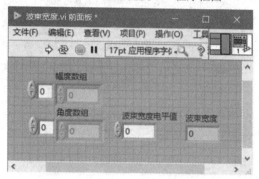

图 12.48　"波束宽度.vi"前面板

在二维直角坐标画图的条件选择分支中添加"波束宽度.vi"，放置在 for 循环中，每次 for 循环计算一条切线的波束宽度，并在 for 循环结束后，把波束宽度的结果转换成字符串，连接至创建字符串数组的函数下方。在波束宽度子 VI 的"波束宽度电平"接线端子上创建输入控件，用来输入需要计算的波束宽度电平值，如图 12.49 所示。

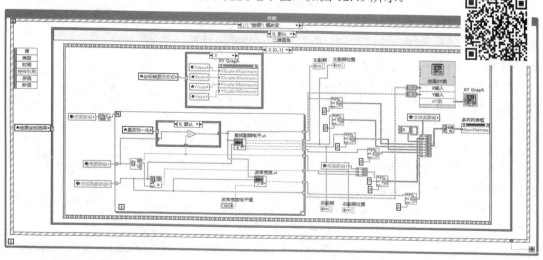

图 12.49　二维直角坐标程序框图

切换至前面板，运行程序，添加测试数据，单击"绘图"按钮，程序运行结果如图 12.50

所示。波束宽度的结果显示在了多列列表框的最后一列，修改最后一列的列首字符串为"波束宽度"，至此，波束宽度的计算程序就编写完成了。

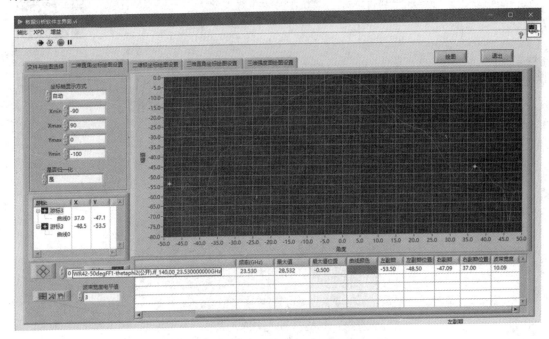

图 12.50　二维直角坐标绘图波束宽度显示结果

12.5　数 据 处 理

数据处理在软件分析中用来处理测试数据，相当于把测试数据导入并通过软件计算后再导出成测试数据的格式，方便分析软件再次调用导出数据进行绘图。例如，近远场数据转换、圆极化数据合成、轴比计算、增益计算、透波率计算、坐标转换的计算等，都是把测试数据经过计算后再保存。

使用菜单的形式来调用数据处理的界面 VI 程序，这样有利于软件结构的扩充，每次新增的数据分析、文件格式转换、数据报表生成等功能均可在菜单中进行扩充。

在主程序的菜单栏中单击"编辑(E)"→"运行时菜单(R)..."选项，如图 12.51 所示。弹出如图 12.52 所示的菜单编辑器，选择"自定义"菜单，在右侧的"菜单项名称"中输入"圆极化合成"，下面的"菜单项标识符"自动保持与"菜单项名称"的内容一致。左侧的加号按钮可以增加"菜单项名称"，也可以通过左右与上下箭头调整菜单项标识符的位置关系，分别增加"轴比"与"增益"两个菜单项名称，完成后单击"保存"按钮。把自定义菜单保存到与主程序相同路

图 12.51　运行时的菜单选项

径的文件夹中，命名为"菜单.rtm"，以".rtm"为文件名后缀的文件即为 LabVIEW 的自定义菜单文件。此时运行程序，可以看到主界面的菜单栏变成了如图 12.53 所示的样式。

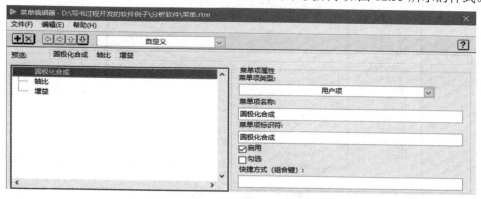

图 12.52　菜单编辑器

图 12.53　运行时的菜单

切换到主界面程序框图，新建一个 while 循环与事件结构的组合，并添加新的事件分支"菜单选择(用户)"，编辑事件如图 12.54 所示。在该事件结构下添加一个条件选择结构，并把左侧的"项标识符"连接到条件选择结构，同时设置条件选择结构的条件分支字符串与项标识符一致，如图 12.55 所示。此时当用户运行程序时，单击主界面的相应菜单选择项，即可触发相应的条件结构分支。

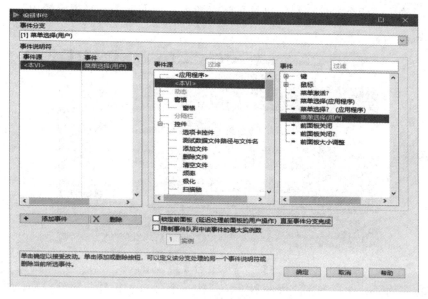

图 12.54　编辑事件——菜单选择(用户)

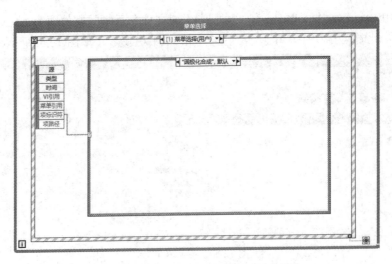

图 12.55　菜单选择 while 循环与事件结构

12.5.1　圆极化合成

圆极化合成是处理圆极化方向图时经常使用的算法，当发射天线是线极化时，测试圆极化天线的数据为圆极化的分量。分别要测试发射天线在 H 极化的分量与 V 极化的分量，利用矢量合成为圆极化的方向图数据，在平面近场与远场测试中经常使用。

新建一个 VI，另存为"圆极化合成.vi"，在前面板分别添加四个"文件路径输入控件"，位于前面板中的"控件选板"→"新式"→"字符串与路径"→"文件路径输入控件"中。分别修改其标签名称为"H 极化文件""V 极化文件""输出主极化文件""输出交叉极化文件"。另外，再添加一个布尔确定按钮，修改标签与布尔文本的名称为"输出数据"，如图 12.56 所示。利用前面板中的"控件选板"→"修饰"→"下凹框"，进行主界面的区域划分，前面板的上面两个文件路径用来导入测试数据，下面两个路径用来输出计算圆极化后的存储数据。

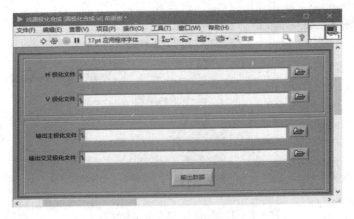

图 12.56　"圆极化合成.vi"前面板

编写程序框图，切换到程序框图界面，新建一个 while 循环与事件结构，并编辑事件结构分支，第一个事件结构分支设置为"H 极化文件"值改变，第二个事件结构分支设置

为 "V 极化文件" 值改变。当用户添加文件选择测试数据时, 这两个事件结构分支会运行其中的程序, 因此, 分别在两个事件结构分支中添加读取数据文件的程序框图, 如图 12.57 所示。调用 "读数据文件.vi" 子 VI, 并创建了 "Ham" "Hph" "Vam" "Vph" 和 "el" "az" "freq", 分别代表 H 幅度、H 相位、V 幅度、V 相位、俯仰角度、方位角度、频率, 这些显示控件在执行该事件结构分支时把数据载入, 用来计算输出圆极化的数据。

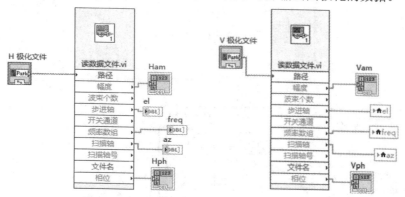

图 12.57　H 极化文件与 V 极化文件值改变事件

添加一个新的事件分支 "输出数据" 值改变, 在 "输出数据" 值改变按钮下需要在用户单击该按钮以后, 把圆极化的数据计算出来。然后把数据分别接入 "输出主极化文件" 与 "输出交叉极化文件" 的路径, 按照测试数据的格式输出。在该事件分支中添加计算圆极化数据的程序框图, 如图 12.58 所示。利用 "Ham" "Hph" "Vam" "Vph" 这四个局部变量数组, 进行幅相与场值的转换。其中使用了 "10 的幂" "余弦" "正弦" "实部虚部至复数转换" "绝对值" "最大、最小值" "复数至极坐标转换" "底数为 10 的对数" 等函数, 将转换后的数据临时存储在 "mcpAM" "mcpPH" "ccpAM" "ccpPH" 这四个一维数组中。

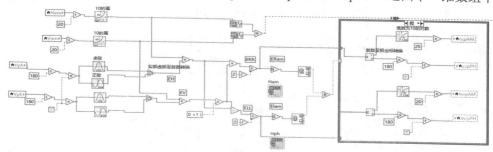

(a) 判断交叉极化

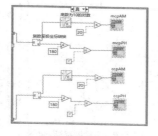

(b) 判断主极化

图 12.58　圆极化合成程序框图

完成圆极化数据的计算后，在程序框图的后面添加一个条件选择结构，在计算时判断"Ham"与"Vam"的数据长度，若数据长度不等，提示错误"数据长度不一致"，如图 12.59 所示。此时不做保存数据的动作，在数据长度相等条件为真时，按照路径保存数据文件头与测试数据，如图 12.60 与图 12.61 所示。

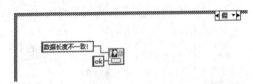

图 12.59 数据长度不等时弹出错误提示消息

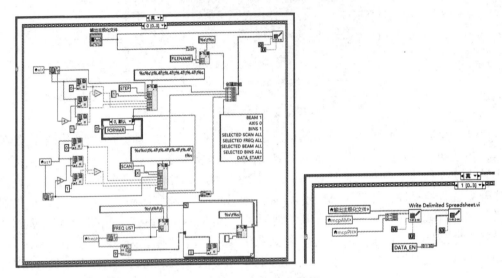

图 12.60 保存主极化数据

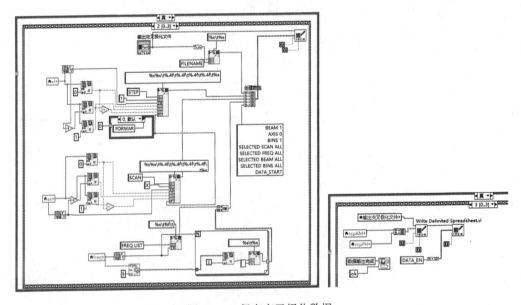

图 12.61 保存交叉极化数据

在条件分支真中添加了一个层叠式顺序结构，并添加了三个分支，保存数据时按顺序结构依次执行。与采集软件保存数据的文件头一样，可以复制采集软件子 VI 中的程序框图，利用"写入带分隔符电子表格"函数把数据保存到指定目录的文件中。保存数据后弹出消息对话框，提示"数据输出完成"，此时圆极化合成的程序编写完成，保存编写的程序。

按照图 12.62 设置 VI 的属性，切换到"数据分析软件主界面"的程序框图中，在"菜单选择(用户)"while 循环的事件"圆极化合成"中鼠标单击右键，在函数选板的下方箭头处展开，单击"选择 VI…"，把"圆极化合成.vi"添加到程序框图中，如图 12.63 所示。

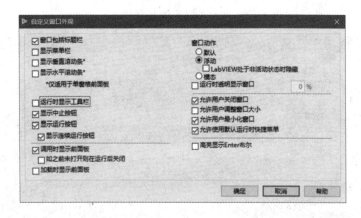

图 12.62　VI 属性——自定义窗口外观

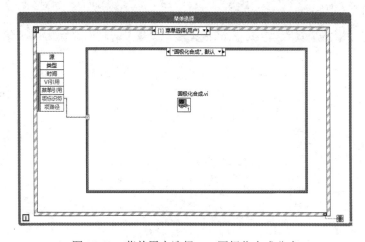

图 12.63　菜单用户选择——圆极化合成分支

此时，运行主程序，在菜单栏单击"圆极化合成"，即可看到 VI 的运行结果，添加两个采集软件的线极化分量数据，使用圆极化合成，合成以后保存的数据用添加文件与添加数据添加到绘图，即可看到圆极化数据的方向图结果。

12.5.2　轴比处理

轴比也是表征圆极化方向图数据的一个指标，通过将圆极化的数据再次进行计算得到轴比数据结果。轴比计算程序的编写方式与圆极化合成程序很相似，可以直接复制一个"圆极化合成.vi"，将其修改为"轴比计算.vi"。把"输出交叉极化文件"控件删除，将"输出主极化文件"修改为"输出轴比文件",如图 12.64 所示。切换到程序框图,在对应的计算圆极化的数据程序框图之后加上计算轴比的程序框图,如图 12.65 所示。计算后只有一个"轴比"数据,删除保存文件头与数据的层叠式顺序结构 2 与 3,保留 0 和 1,层叠式顺序结构 0 中的程序框图与圆极化合成的保存文件头的框图一样,在层叠式顺序 1 中,把轴比局部变量数组连接成二维数组后连接到"写入带分隔符电子表格"函数,同时增加一个消息对话框"数据输出完成",提示轴比计算结束,计算后输出的数据依然可以导入分析软件进行绘图,如图 12.66 所示。切换到"数据分析软件主界面.vi"的程序框图中,在"菜单选择"事件结构中添加"轴比.vi",如图 12.67 所示。

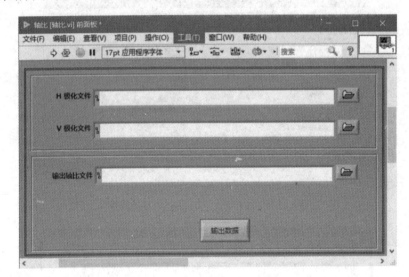

图 12.64　"轴比计算.vi"前面板

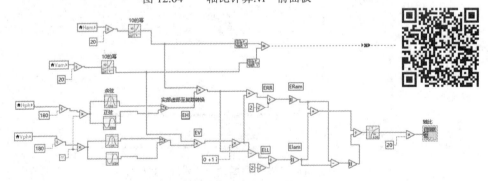

图 12.65　计算轴比的程序框图

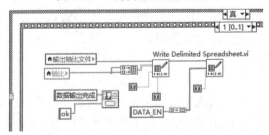

图 12.66　保存轴比数据的程序框图

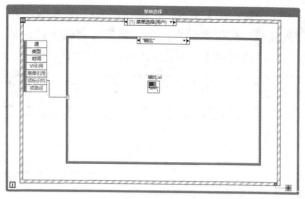

图 12.67　菜单用户选择——轴比分支

12.5.3　增益

增益的计算一般使用比较法，在同一种测试工况下，把待测天线的未知增益与已知增益的标准天线做对比，得到待测天线的增益，对比计算需要用到待测天线与标准天线的方向图数据。

新建一个 VI，另存为"增益计算.vi"，在前面板上添加两个"文件路径输入控件"，五个"布尔确定按钮"，五个"数值输入一维数组控件"，一个"单列表框"显示控件，并按照图 12.68 进行布局，修改相应的标签名称以及布尔文本的名称。

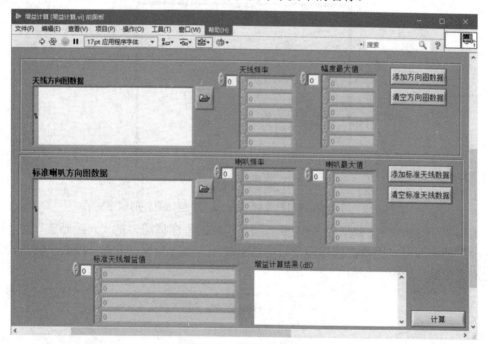

图 12.68　"增益计算.vi"前面板

编写"'添加方向图数据'：值改变"按钮事件结构下的程序框图，如图 12.69 所示。通过"天线方向图数据"路径输入控件，选择方向图数据文件的路径。选择以后，添加"读取数据文件.vi"，把数据中需要的数据读取进来，并传递给"天线频率"显示控件。利用数组大小函数，判断频率的个数，如果是多个频率，当条件为真时，利用重排数组维数函数以及 for 循环重新排列数据，把每个频率的测试数据排列成一列，并求出幅度最大值。当测试数据只有一个频率时，直接求出幅度最大值。

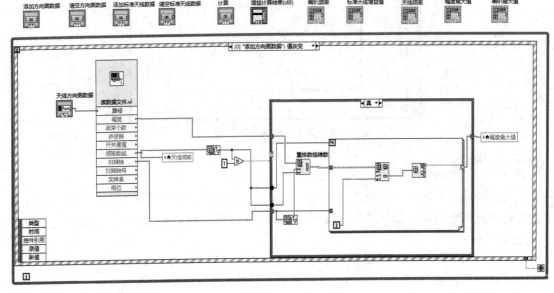

(a) 多频点框图

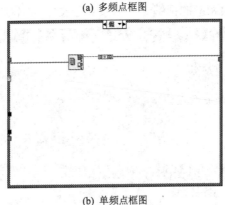

(b) 单频点框图

图 12.69　"'添加方向图数据'：值改变" 按钮事件的程序框图

编写"'清空方向图数据'：值改变"按钮事件的程序框图，把"天线频率"与"幅度最大值"清空即可，因此，创建两个数值显示控件的局部变量，利用一维数组常量，把两个全局变量赋值为空，如图 12.70 所示。

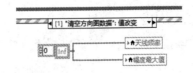

图 12.70　"'清空方向图数据'：值改变" 按钮事件的程序框图

"'添加标准天线数据'：值改变"按钮事件的程序框图，与"'添加方向图数据'：值改变"按钮事件的程序框图一样，同样求出方向图的"幅度最大值"，并赋值给数值显示控

件"喇叭最大值"，如图 12.71 所示。"'清空标准天线数据'：值改变"按钮事件的程序框
图与"'清空方向图数据'：值改变"按钮事件的程序框图一致，如图 12.72 所示。

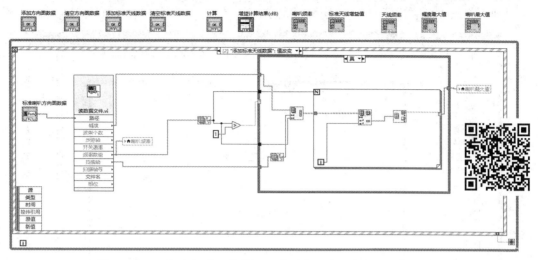

图 12.71　"'添加标准天线数据'：值改变"按钮事件的程序框图

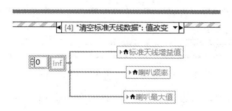

图 12.72　"'清空标准天线数据'：值改变"按钮事件的程序框图

最后编写"'计算'：值改变"按钮事件的程序框图，如图 12.73 所示，分别添加方向
图数据与标准天线数据以后，根据要计算的增益频率，在前面板"标准天线增益"输入控
件中输入对应频率下的标准天线增益值。利用局部变量进行计算，同时计算结果通过"增
益计算结果(dB)"的属性节点传递给单列表框显示控件，对计算结果进行显示。

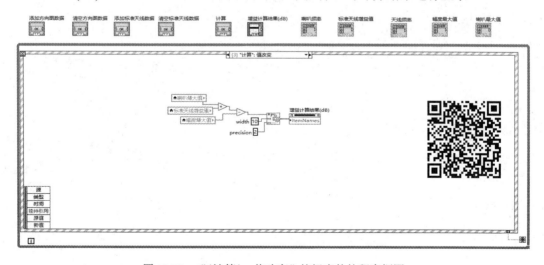

图 12.73　"'计算'：值改变"按钮事件的程序框图

切换到"数据分析软件主界面.vi"的程序框图中,在"菜单选择"事件结构中添加"增益计算.vi",如图 12.74 所示。此时运行程序,当用户在主界面下单击菜单栏的"增益"菜单时即可弹出"增益计算.vi",程序编写完成。

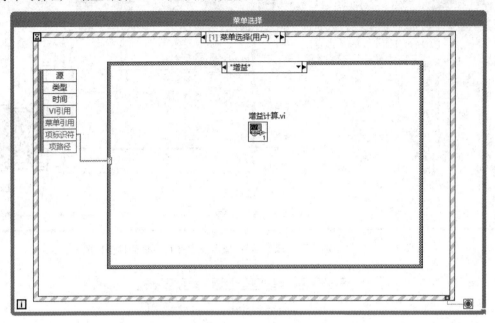

图 12.74 菜单用户选择——增益分支

由于篇幅限制,分析软件其他内容的软件源码不再详细介绍,读者可根据本书附带的软件包进行下载,并在软件源代码框架的基础上进行扩充编程。

高级篇

GAO JI PIAN

第 13 章

天线测试参数基本知识

13.1 电性能参数

13.1.1 方向图

天线方向图用于表征天线辐射特性与空间角度的关系，即天线向一定方向辐射电磁波的能力；对于接收天线，其表示天线对不同方向传来的电波所具有的接收能力。天线的方向特性曲线通常用方向图来表示，一般包括幅度方向图与相位方向图，方向图可以用来说明天线在空间各个方向上所具有的发射或接收电磁波的能力。幅度与相位方向图如图 13.1 与图 13.2 所示。

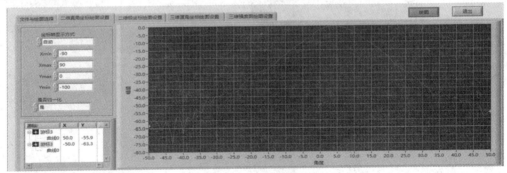

图 13.1 幅度方向图

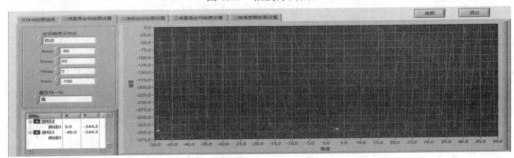

图 13.2 相位方向图

13.1.2　副瓣电平

天线方向图通常有许多波瓣，除了最大辐射强度的主瓣以外，其余均被称为副瓣或旁瓣，与主瓣相反方向的旁瓣被称为背瓣或后瓣。为了定量表示旁瓣的大小，定义了副瓣电平，为旁瓣幅度信号强度的最大值与主瓣最大值之比，记为 SL，通常用分贝表示为

$$SL = 10\lg \frac{P}{P_{\max}} \tag{13.1.1}$$

式中，P 和 $P_{\max}$ 分别表示旁瓣和主瓣的最大功率值。

某方向图的副瓣电平如图 13.3 所示，两个游标的位置即为方向图的副瓣电平，分别是 −14.8 与 −14.9。

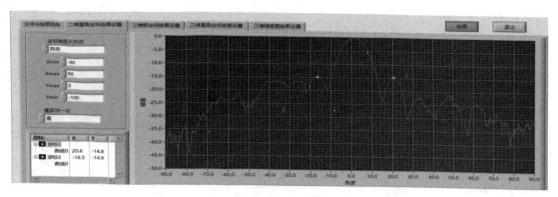

图 13.3　副瓣电平

13.1.3　半功率波束宽度

波束宽度指方向图的主瓣宽度，一般是半功率波束宽度。在归一化功率方向图的主瓣范围内，功率下降到主瓣最大值的一半的两个方向的夹角，一般在幅度方向图中是下降到 3 dB 时的角度宽度。波束宽度如图 13.4 所示，两个游标标记的位置，大概是幅度下降到 −3 dB 时的角度之和，波束宽度为 10.8°。

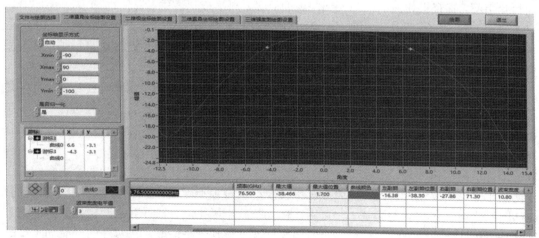

图 13.4　波束宽度

13.1.4 增益

增益是天线中特别重要的一个参数，用它可以衡量天线辐射能量的集中程度。天线增益可分为方向增益与功率增益。

当辐射功率相同时，把天线在(θ, ϕ)方向上的辐射强度$P(\theta, \phi)$与理想点源辐射密度之比定义为天线的方向增益$D(\theta, \phi)$：

$$D(\theta, \phi) = \frac{4\pi P(\theta, \phi)}{P_t} \tag{13.1.2}$$

式中，$P(\theta, \phi)$为天线在(θ, ϕ)方向上的辐射强度，P_t为理想点源的辐射功率密度。

当输入功率相同时，把天线在(θ, ϕ)方向上的辐射强度$P(\theta, \phi)$与理想点源辐射强度之比定义为天线的功率增益$G(\theta, \phi)$：

$$G(\theta, \phi) = \frac{4\pi P(\theta, \phi)}{P_0} \tag{13.1.3}$$

式中，P_0为天线的输入功率。

由式(13.1.2)和式(13.1.3)可得：

$$G(\theta, \phi) = \eta D(\theta, \phi) \tag{13.1.4}$$

式中，天线效率η = 天线辐射功率÷天线输入功率，由此可知，天线增益等于天线效率乘以方向增益。

13.1.5 极化

电磁波在空间传播时，其电场方向是按照一定的规律变化的，将这种现象称为电磁波的极化。天线极化是描述天线辐射电磁场矢量空间指向的参数，是指在与传播方向垂直的平面内，场矢量变化一周矢端描绘出的轨线。由于电场与磁场有恒定的关系，一般都以电场矢量的空间指向作为天线辐射电磁波的极化方向。

电场矢量在空间的取向固定不变的电磁波叫线极化，有时以地面为参数，电场矢量方向与地面平行的叫水平极化，与地面垂直的叫垂直极化。电场矢量与传播方向构成的平面叫极化平面，垂直极化波的极化平面与地面垂直，水平极化波的极化平面则垂直于入射线、反射线和入射点地面的法线构成的入射平面。以标准喇叭天线为例，标准喇叭的口面是长方形的，长方形的短边垂直于地面时，发射的是垂直极化波，反之，短边平行于地面时发射的则是水平极化波。

如果电磁波在传播过程中电场的方向是旋转的，即场矢量的矢端轨迹线是圆，并在旋转过程中，电场的幅度大小保持不变，则称为圆极化波。圆极化分为左旋圆极化和右旋圆极化，向传播方向看去，顺时针方向旋转的叫右旋圆极化波，逆时针旋转的叫左旋圆极化波。如果场矢量的矢端轨迹线是椭圆就叫椭圆极化波。

无论是圆极化波还是椭圆极化波都可由两个正交的线极化波合成。当两个正交线极化波振幅相等、相位差90°时，则合成圆极化波；当振幅不等或者相位差不是90°时，则合成椭圆极化波。在实际的测试中，可用线极化的两个极化波合成计算出圆极化的方向图，这就是线极化合成圆极化的原理。当然圆极化波一般是理想情况，在实际的产品加工过程中，难免会有极其微小的误差，实际的天线一般都是椭圆极化波。

当接收天线的极化方向与入射波的极化方向不一致时，由于极化失配，从而引起极化损失，因此，当用圆极化天线接收任一线极化波，或者用线极化天线接收任一圆极化波时都会产生 3 dB 的极化损失，即只能接收到来波的一半能量。

13.1.6　轴比

圆极化和线极化都是椭圆极化的特例，描述圆极化波有个重要参数为轴比，又定义为椭圆比，也就是极化平面波的长轴和短轴之比。天线的电压轴比用公式表示为

$$r = \frac{E_{max}}{E_{min}} \tag{13.1.5}$$

用分贝表示的轴比为

$$AR = 20\lg|r| \tag{13.1.6}$$

当 $r = \pm 1$ 时，为圆极化；当 $r = \infty$ 时，为线极化；当 $1 < |r| < \infty$ 时，为椭圆极化。

13.1.7　交叉极化隔离度

天线可能会在非预定的极化上辐射或接收不需要的极化分量能量，例如辐射或接收水平极化波的天线，也可能辐射或接收不需要的垂直极化波，这种不需要的辐射极化波称为交叉极化。对线极化天线来说，交叉极化与预定的极化方向垂直；对于圆极化来说，交叉极化与预定极化的旋向相反。所以，交叉极化也称为正交极化。

将交叉极化隔离度 XPD 定义为天线反极化时的接收功率与同极化接收功率之比。对于椭圆极化天线，极化隔离度 XPD 与 r 有如下关系：

$$XPD = 10\lg\left(\frac{r+1}{r-1}\right)(dB) \tag{13.1.7}$$

13.2　端口测试参数

13.2.1　输入阻抗

天线和馈线的连接端即馈电点两段感应的信号电压与信号电流之比称为天线的输入阻抗。输入阻抗有电阻分量和电抗分量，输入阻抗的电抗分量会减少从天线进入馈线的有效信号功率。因此，必须使电抗分量尽可能为零，即使天线的输入阻抗为纯电阻。

阻抗中低频天线在阻抗测量中是特别有用的，因为在阻抗中的低频天线中，易于确定一对输入点，阻抗是单值的且不难测量。阻抗虽然在较高频率上也有效，但直接确定和测量阻抗值是较为困难的。例如，在微波频率上天线大都与波导相连，波导阻抗具有多值性，因此，直接测试天线的阻抗值几乎不可能，而采用测量驻波系数或反射损耗的办法来计算天线的输入阻抗。

13.2.2　电压驻波比

当天线和馈线不匹配时，也就是当天线阻抗不等于馈线特性阻抗时，天线就不能全部将馈线上传输的高频能量吸收，而只吸收部分能量。

入射波的一部分反射回来形成反射波，入射波和反射波合成，形成驻波。驻波波腹电压与波节电压之比称为电压驻波比(VSWR)，即

$$\text{VSWR} = \frac{\text{驻波波腹电压幅度最大值} U_{\max}}{\text{驻波波节电压幅度最小值} U_{\min}} = \frac{1+\varGamma}{1-\varGamma} \tag{13.2.1}$$

13.2.3 反射系数

波的反射系数是传输线工作的基本物理参数。电压反射系数和电流反射系数的模相等，相位相反。电压反射系数定义为距终端 Z 处的电压反射波与电压入射波之比。

反射波与入射波幅度之比叫作反射系数($\varGamma$)，即

$$\varGamma = \frac{\text{反射波幅度}}{\text{入射波幅度}} = \frac{Z - Z_0}{Z + Z_0} \tag{13.2.2}$$

反射系数模的变化范围为 $0 \leqslant \varGamma \leqslant 1$，它是小于 1 的。当传输线用特征阻抗进行端接时，所有的能量都传给负载，没有能量反射，即 $\varGamma = 0$。当传输线用开路器或短路器进行端接时，所有的能量都被反射，即 $\varGamma = 0$。

13.2.4 回波损耗

回波损耗定义为传输线某点上的入射功率与反射功率之比。它是以分贝表示的标量反射系数，即入射波到反射波的损耗能量，故称为回波损耗。它与反射系数的关系为

$$\text{RL} = -20\lg|\varGamma| \tag{13.2.3}$$

回波损耗的取值范围为 $0 \sim \infty$，0 dB 为全反射，∞ 为无反射，即全部吸收。

13.2.5 Open Short Load 校准方法

在端口测试中，常用矢量网络分析仪进行测试，测试的指标一般有驻波、损耗和隔离。微波器件的端口测试一般分为传输测试与反射测试，如图 13.5 所示。

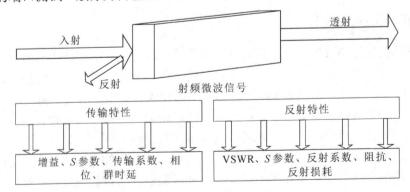

图 13.5 传输测试与反射测试

为了得到准确的测试结果，网络分析仪采用校准的方法在测试前消除测试误差，一般分为单端口校准和双端口校准。

单端口校准误差模型公式如下：

$$S_{11} = E_{\mathrm{X}} + E_{\mathrm{D}} + \frac{RE_{\mathrm{P}}E_{\mathrm{R}}}{1 - RE_{\mathrm{S}}} \tag{13.2.4}$$

式中，E_{X} 为隔离误差，E_{D} 为方向性误差，E_{P} 为正向频率跟踪误差，E_{S} 为源失配误差，E_{R} 为反向频率跟踪误差，R 为 DUT(待测天线)的反射参数。

双端口校准误差模型公式如下：

$$\begin{cases} S_{11m} = E_{\mathrm{df}} + \dfrac{E_{\mathrm{rf}}S_{11x}(1 - E_{\mathrm{lf}}S_{22x}) + E_{\mathrm{lf}}E_{\mathrm{rf}}S_{21x}S_{12x}}{1 - E_{\mathrm{sf}}S_{11x} - E_{\mathrm{lf}}S_{22x} - E_{\mathrm{sf}}E_{\mathrm{lf}}S_{21x}S_{12x} + E_{\mathrm{sf}}E_{\mathrm{lf}}S_{11x}S_{22x}} \\[2ex] S_{21m} = E_{xf} + \dfrac{E_{\mathrm{tf}}S_{21x}}{1 - E_{\mathrm{sf}}S_{11x} - E_{\mathrm{lf}}S_{22x} - E_{\mathrm{sf}}E_{\mathrm{lf}}S_{21x}S_{12x} + E_{\mathrm{sf}}E_{\mathrm{lf}}S_{11x}S_{22x}} \\[2ex] S_{22m} = E_{\mathrm{dr}} + \dfrac{E_{\mathrm{rr}}S_{22x}(1 - E_{\mathrm{lr}}S_{11x}) + E_{\mathrm{lr}}E_{\mathrm{rr}}S_{21x}S_{12x}}{1 - E_{\mathrm{sr}}S_{11x} - E_{\mathrm{lr}}S_{22x} - E_{\mathrm{sr}}E_{\mathrm{lr}}S_{21x}S_{12x} + E_{\mathrm{sr}}E_{\mathrm{lr}}S_{11x}S_{22x}} \\[2ex] S_{12m} = E_{xr} + \dfrac{E_{\mathrm{tr}}S_{12x}}{1 - E_{\mathrm{sr}}S_{11x} - E_{\mathrm{lr}}S_{22x} - E_{\mathrm{sr}}E_{\mathrm{lr}}S_{21x}S_{12x} + E_{\mathrm{sr}}E_{\mathrm{lr}}S_{11x}S_{22x}} \end{cases} \tag{13.2.5}$$

式中，E_{df}、E_{dr} 为方向性误差，E_{xf}、E_{xr} 为隔离误差，E_{sf}、E_{sr} 为源失配误差，E_{lf}、E_{lr} 为等效匹配负载失配误差，E_{tf}、E_{tr} 为传输跟踪误差，E_{rf}、E_{rr} 为反射跟踪误差，共 12 项误差。根据以上的单双端口误差模型，在校准过程中，短路器 $R = -1$，开路器 $R = 1$，匹配负载 $R = 0$。

根据以上的单端口和双端口校准模型公式，即可在端口测试之前，对网络分析仪的误差系数进行求解，在相应的测试端口连接 Open、Short、Load 校准件后，得到误差系数方程，再对需要测试的端口进行测试，利用误差系数方程组即可得出待测端口的驻波结果。

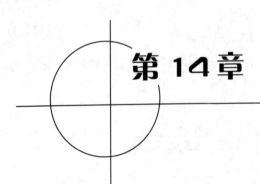

第 14 章

天线测试系统认知

14.1 测试系统分类

14.1.1 近场

　　天线的近场测量是用一个特性已知的探头，在离开待测天线几个波长的近场区域内某个表面上进行扫描，测得天线在这一表面上辐射近场的幅度和相位分布随位置变化的关系。根据电磁辐射的惠更斯－基尔霍夫原理和等效原理，某一初级源所产生的波阵上的一点都是球面波的次级源，也就是说从包围源的表面上发出的场可以看作是这一表面上所有的点所辐射的球面波场的总和。进一步来说，集中在体积内并被封闭表面包围着的源的作用可以仅用源的被激励表面的辐射来代替，而分析这一被激励表面的辐射时，可以用分析一个包围场面电流和表面磁流来代替表面上切向的电场和磁场分量的作用。最终分析一个辐射问题只具有确定的关系，故仅需获得表面电流分布，通过集合所有表面电流和表面磁流即可。由于无源空间电场和磁场具有确定的关系，故仅需获得表面电流分布，通过集合所有表面电流分布对远场某角度的贡献，应用严格的模式展开理论确定天线的远场特性。这种测试手段突破了远场条件的限制，使得电大尺寸天线测试可以完全搬移到测试暗室内，获得待测天线的近场和远场的三维空间分布信息，适合各种类型的天线测试。

　　一般近场扫描测试根据近场扫描面的不同分为平面、柱面和球面三种类型，也就是常见的平面近场测试系统、柱面近场测试系统和球面近场测试系统。最常用的是平面近场测试系统，是在距离待测天线几个波长的平面上进行采样。平面近场适合测试电扫描阵列天线、多波束天线和中高增益反射面天线；柱面近场主要适合中等增益、扇形波束天线的测试；球面近场主要适合测试低增益、宽波束的天线。平面、柱面和球面机械扫描的空间采样如图 14.1 所示。

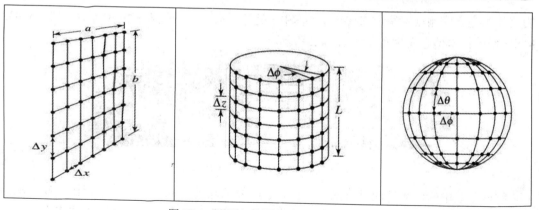

图 14.1 平面、柱面和球面的空间采样

14.1.2 远场

通常，天线的应用都处于它的远场条件，所以要正确测试天线的辐射特性，必须具备一个能提供均匀平面电磁波照射待测天线的理想测试场，为了近似得到这种测试场，有两种方式，一种是直接远场法，另一种是紧缩场的方法。

直接远场法是把收发天线架设到一定测试距离上，公认的辐射近远场的分界距离为

$$R = \frac{2(D+d)^2}{\lambda} \tag{14.1.1}$$

式中，d 为辅助天线的口径(m)，D 为待测天线的口径(m)，λ 为工作波长(m)。

收发天线的测试距离要大于 R，对于电小天线通常把 $R \geqslant 10\lambda$ 作为远区准则。远场一般分为高架测试场、斜天线测试场、地面反射测试场、等高测试场等。在实际测试中，上述测试距离一般不易满足，有的高频天线测试距离可达几百米或者更远，因此可以使用紧缩场的方法。

紧缩场的天线测试场地是借助于反射镜、喇叭、阵列或全息技术产生的一个均匀照射待测天线的平面波，从而实现在有限的实际测试距离上，获得天线远场的直接测试方法。紧缩场一般由一个或几个反射面组成，安装于微波暗室内，但是特别大的紧缩场天线被置于室外。紧缩场是研究电磁散射的重要设备，也是高性能雷达天线测试、整星测试、飞机反射特性测试等系统性能测试的重要基础设施。紧缩场可分为：单反射面紧缩场系统、双反射面紧缩场系统、三反射面紧缩场系统等。紧缩场根据测试频率的不同，对反射面的表面加工精度有着不同的要求，表面起伏一般是紧缩场测试系统最高频率的百分之一波长。

14.2 测试系统组成

14.2.1 信号源

信号源是天线测试系统必备的仪器之一，是产生激励信号的装置，信号源的种类很多，目前，行业内使用较多的品牌有是德科技、中电思仪、罗德与施瓦茨、安利等。这些品牌

的信号源在天线测试系统中都有应用，其中，是德科技公司的仪表占据主流，例如 N5183A MXG 微波模拟信号发生器，如图 14.2 所示。

图 14.2　N5183A MXG 微波模拟信号发生器

测试系统中的信号源应具有扫频、锁相、触发等功能，同时功率输出范围与频率输出范围也是重要的指标，另外，还有频率精度、稳定度等。在天线测试系统集成中选择信号源，除了要考虑信号源的指标以外，程控协议与接口也是必须要考虑的，完整的信号源产品需要具备完备的通信协议才能集成到天线测试系统中。

14.2.2　接收机

接收机在测试系统中用来接收测试信号，采集天线方向图需要的幅度与相位信息，某些国外系统集成商研制了专用的测试中频接收机，例如美国 MI 或 ORBIT 近场天线测试系统使用的就是自主研发的中频接收机，中频接收机具有两个输入端口，用来连接测试系统混频以后的中频信号，把两路中频信号进行相减得到测试方向图的幅度与相位信息。

目前，使用矢量网络分析仪作为系统接收机的比较常见，尤其是利用矢量网络分析仪内置源与接收机的功能。一台经过选配的矢量网络分析仪即可替代信号源与测试接收机。在测试系统中通常使用网络分析仪的 S_{21} 与 B/R_1 的测试模式，分别对应不同的混频方式。是德科技的 N5242-B PNA-X 微波网络分析仪如图 14.3 所示。

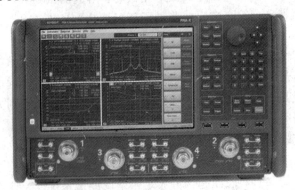

图 14.3　N5242-B PNA-X 微波网络分析仪

14.2.3　转台与扫描架

转台是用来承载待测天线进行转动的机构，一般使用较多的是三维转台，根据结构形式不同，在天线测试系统中使用的转台从上至下依次为方位轴、俯仰轴、下方位轴，或仰轴、方位轴、下方位轴。每个测试系统的测试要求不同，转台的结构形式也不同，示的是上极化轴、中滑轨轴、下方位轴的测试转台。

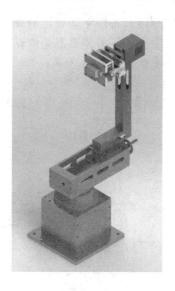

图 14.4　转台

测试转台的主要指标包括载重、精度与运动范围，一般测试系统使用的转台精度在±0.03°，方位轴的转动范围一般是 ±180°，俯仰轴为 ±90°，极化轴为 0 至 360° 连续转动。

扫描架一般用在近场测试系统中，包含 X、Y、Z 以及极化轴，可对空间平面做连续扫描，垂直平面近场扫描架如图 14.5 所示。X 轴平行地面，Y 轴垂直于 X 轴，Z 轴可前后移动，极化轴可绕 Z 轴旋转，改变天线的极化。

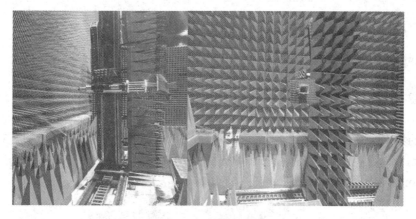

图 14.5　平面近场扫描架

扫描架主要的指标包括扫描面的范围、扫描定位精度、扫描面的平面度，一般平面度可以标定为近场测试系统能测试的最高频率波长的百分之一。

14.2.4　系统多任务控制器

天线测试系统的扫描架或转台在运行过程中，运行至固定位置时会发送位置触发信号通知接收机进行频率的切换与数据采集。多任务控制器接收到位置触发信号以后，发送触发网络分析仪的频率切换脉冲，网络分析仪采集完成以后发送触发完成脉冲给多任务控制器，完成一次触发握手，网络分析仪采集一个频点的测试数据。这是多任务控制器在测试系统中的作用。同时，多任务控制器具备控制多通道射频开关、多探头阵列、相控阵多波束切换的功能。在天线测试系统中，多任务控制器是测试系统同步控制采集的核心设备。多任务控制器在测试系统中连接关系如图 14.6 所示。

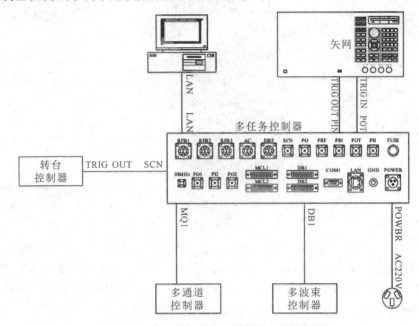

图 14.6　多任务控制器与系统设备连接框图

14.2.5　通用射频器件

在天线测试系统的设计、配置中，除了射频仪表外，选择合适的射频器件，可以提高测试系统的测试精度、动态范围，同时可以节约测试系统的建设成本。

混频器在中大型天线测试系统中会经常被用到，混频器中重要的指标一般包括工作频率、谐波次数、变频损耗、本振功率、射频功率等。混频器的中频频率一般等于本振频率减去射频的频率。某型号的参考与测试混频器如图 14.7 所示，其工作频率为 0.3～3 GHz、2～50 GHz，最大射频输入功率为 −21 dBm、−9 dBm，本振输入功率范围为 8～10 dBm、12～14 dBm，变频损耗为 15 dBm(@2～18 GHz)、30 dBm(@18～50 GHz)。

图 14.7　参考与测试混频器

射频放大器在天线测试系统中可以提高系统的动态范围，主要用作抵消射频电缆的损耗把射频信号放大，满足某些射频器件的工作要求。射频放大器重要指标一般包括工作频率、增益、1 dB 压缩点等指标。某型号的射频放大器如图 14.8 所示，其工作频率为 40～60 GHz，增益为 35 dB，1 dB 饱和输出功率为 19 dBm。

图 14.8　40～60 GHz 射频放大器

　　低噪声放大器在天线测试系统中主要用来测试小信号，同时提高系统的动态范围。低噪声放大器的重要指标一般包括：工作频率、增益、1 dB 压缩点、噪声系数等指标。某型号低噪声放大器如图 14.9 所示，其工作频率为 40～60 GHz，增益为 50 dB，噪声系数为 4.0，P1 dB 压缩点为 0 dBm。

图 14.9　40～60 GHz 低噪声放大器

　　功分器在天线测试系统中主要用来把信号源发出的射频信号进行功分输出，同时供给两个混频器使用。功分器的重要指标一般包括：工作频率、平衡度、驻波、隔离等。某型号的功分器如图 14.10 所示，其工作频率为 0.6～18 GHz，幅度平衡度为 ±0.05 dB，相位平衡度为 ±1 deg，驻波为 1.2，隔离度为 22。

图 14.10　0.6～18 GHz 功分器

　　中频分配单元在天线测试系统中主要用来控制本振与中频信号，把本振信号分成两路，一路供给测试混频器的本振，另一路供给参考混频器的本振。同时中频分配单元内部具有射频放大器，用来提高本振的功率。其次，内部具有两路或多路中频放大器、滤波器、检测电路等。中频放大器用来放大混频器产生的中频信号，滤波器一般使用带通中频滤波器，去除混频器混频产生的多次谐波信号。检测电路用来检测本振信号的功率大小，当功率不在混频器的本振工作范围时，显示报警提示。某型号的本振中频分配单元如图 14.11 所示，内部原理图如图 14.12 所示。其关键指标包括：频率范围为 1～18 GHz，最大射频输出功率为 +19 dBm，最大本振输入功率为 +10 dBm(@0.1～18 GHz)，本振输入功率范围为 0～10 dBm。

图 14.11　本振中频分配单元

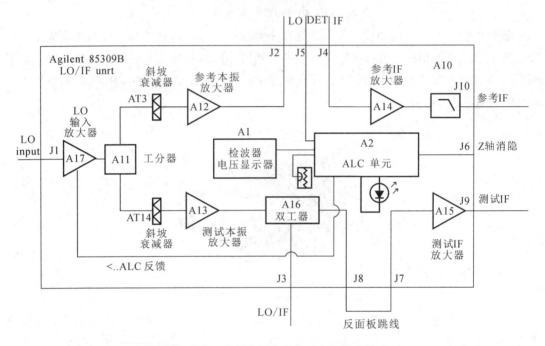

图 14.12　本振中频分配单元内部原理图

14.3　测试系统原理

14.3.1　内外混频

对于一套天线测试系统来说，一般把混频器在测试系统链路中的连接方式称为外混频；而利用网络分析仪作为测试接收机与信号源时，使用网络分析仪的 S21 测试模式，此时，在测试系统的射频链路中没有设计混频器，这种方式一般称为内混频。内混频与外混频其实是用矢量网络分析仪进行界定的，只是对混频方式的一种界定，没有严格的意义。或者混频器在网络分析仪外部简单称为外混频模式，当混频器处于网络分析仪的内部时可以称为内混频。矢量网络分析仪的外混频模式如图 14.13 所示，矢量网络分析仪的内混频模式如图 14.14 所示。当然，矢量网络分析仪的内部射频链路要比图 14.14 所示的复杂很多，该图只是简单展示天线测试系统的内混频而已。

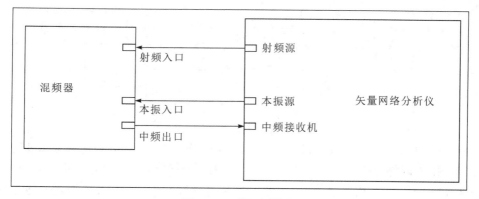

图 14.13　外混频模式

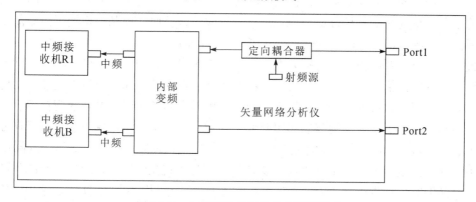

图 14.14　矢量网络分析仪的内混频模式

　　内混频比较适合规模较小的天线测试系统，射频链路比较短，适合电缆衰减较小的情况，使用单独的网络分析仪搭建天线测试系统，比较经济、简单。在中等规模和大型天线测试系统中，由于系统动态范围的限制，要尽量减少射频电缆长度带来的损耗，一般采用外混频的方式。但是，需要在系统中配置信号源、本振源、混频器、放大器、中频分配单元等射频器件，增加了系统的复杂度与经济成本。

14.3.2　锁相环

　　锁相环是指一种电路或者模块，它用在通信接收机中，其作用是对接收到的信号进行处理，并从其中提取某个时钟的相位信息。或者说，对于接收到的信号，仿制一个时钟信号，使得这两个信号从某种角度来看是同步的，或者说是相干的。由于在锁定情形下(即完成捕捉后)，该仿制的时钟信号相对于接收到的信号中的时钟信号具有一定的相差，所以很形象地称其为锁相器。

　　锁相环由鉴相器、环路滤波器和压控振荡器组成。鉴相器用来鉴别输入信号 U_i 与输出信号 U_o 之间的相位差，并输出误差电压 U_d。U_d 中的噪声和干扰成分被低通性质的环路滤波器滤除，形成压控振荡器(VCO)的控制电压 U_c。U_c 作用于压控振荡器的结果是把它的输出振荡频率 f_o 拉向环路输入信号频率 f_i，当二者相等时，环路被锁定，称为入锁。维持锁定的直流控制电压由鉴相器提供，因此鉴相器的两个输入信号间留有一定的相位差，见图 14.15 所示。

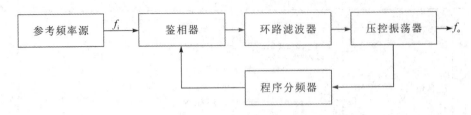

图 14.15　锁相环

锁相环的用途是在收、发通信之间建立载波同步或位同步。因为它的工作过程是一个自动频率(相位)调整的闭合环路，所以叫环。锁相环分模拟锁相环和数字锁相环两种。

模拟锁相环主要由相位参考提取电路、压控振荡器、相位比较器、控制电路等组成。压控振荡器输出的是与需要频率很接近的等幅信号，把它和由相位参考提取电路从信号中提取的参考信号同时送入相位比较器，用比较形成的误差通过控制电路使压控振荡器的频率向减小误差绝对值的方向连续变化，实现锁相，从而达到同步。

数字锁相环主要由相位参考提取电路、晶体振荡器、分频器、相位比较器、脉冲补抹门等组成。分频器输出的信号频率与所需频率十分接近，把它和从信号中提取的相位参考信号同时送入相位比较器，当比较结果显示出本地频率高了时就通过补抹门抹掉一个输入分频器的脉冲，相当于将本地振荡频率降低；相反，当显示出本地频率低了时就在分频器输入端的两个输入脉冲间插入一个脉冲，相当于将本地振荡频率提升，从而达到同步。

锁相环在天线测试系统中的用途主要是信号源与接收机的同步，或者是天线测试系统与待测产品的时钟同步锁相。天线测试系统中配置的信号源需要与接收机进行 10 MHz 锁相连接，连接关系如图 14.16 所示。有的信号源也会使用 50 MHz 或者 100 MHz，根据不同品牌的信号源而定。信号源与接收机(矢量网络分析仪)都具有 10 MHz REF Input 与 10 MHz REF Output 两个 BNC 类型的射频接头，将第一个信号源的 10 MHz Out 利用射频电缆连接至本振源的 10 MHz In，将本振源的 10 MHz Out 连接至接收机的 10 MHz In 即可，这样就形成一个串联的方式，测试系统的同步将以信号源的时钟为准。若不进行锁相连接，在天线测试过程中，测试的信号是不稳定的，或者有相对频率漂移。

图 14.16　测试系统锁相连接

14.3.3　触发与扫频

触发在天线测试系统中用来同步，例如扫描架或转台的到位触发，触发电平一般是 5 V TTL 电平。另外，在测试系统频率切换以及网络分析仪采集数据时同样需要触发信号，触发信号可以理解成单脉冲，一般可以设置上升沿或者下降沿有效，触发脉冲的脉宽一般是几个微秒或者几十微秒。还有一些测试系统中的射频开关、多通道控制器、天线波控机等也需要触发来同步，这些设备一般使用差分信号进行触发，可防止错误触发，以上的这些触发都是硬件触发，实时性比较高，是测试系统中的核心同步信号。

扫频在测试系统中的作用是一次扫描运动可同时测试多个频率，因此扫描频率是需要使用触发来切换频率的。在测试系统扫频之前，需要把测试频率列表设置到信号源与网络分析仪中，并且利用软件控制仪表为外触发模式，当扫描架或转台运行至同步位置时，发出同步触发脉冲信号，这时，多任务控制器根据测试扫描频率的个数，开始自动触发信号源与网络分析仪切换测试频率，直到频率列表的频率切换完成。

14.3.4　多波位自动测试

多波位测试在相控阵天线的平面近场测试中使用，当相控阵天线具备多个波位状态时，为了提高测试系统的测试效率，节约测试时间，采用多波位自动测试的方式。系统连接关系如图 14.17 所示。

图 14.17　相控阵天线多波位测试与测试系统连接关系

此时，需要满足以下两个测试条件：

(1) 相控阵的不同波位状态的切换稳定时间要小于等于 100 ms，但这并不是严格的时间限制，切换时间越长，测试系统的测试速度越慢。例如，同时测试 10 个波位的测试时间是 5 h，每个波位单个测试，每次测试时间为 0.3 h，那么，测试 10 次总时间为 3 h，这样就失去了多波位测试的意义，不如采用单个波位多次测试。

(2) 相控阵的波位控制设备(波控机)需要与平面近场天线测试系统建立通信连接，使得测试系统能够在恰当的时间通知波控设备切换波位状态，这个恰当的时间即是测试系统信号源频率准备完成，采集数据完成，需要准备下一个数据点的采集时刻。

相控阵天线在测试中，需要在配置初始相位的情况下获得每个相控阵天线单元的实际辐射的幅度相位信息，通过该幅度相位信息的获取进行迭代补偿工作，完成相控阵的波束控制工作。因此，测试系统需要测试每个天线单元的幅度相位分布，在平面近场天线测试系统中有三种测试方式。

单开单采的测试模式需要在天线测试系统中配置相控阵天线每个单元与平面近场扫描架的坐标系之间的关系，在天线测试系统中输入相控阵每个天线单元对应扫描架 X 轴与 Y 轴的坐标，这些坐标就是测试探头与相控阵天线单元中心对准时的扫描架 X 与 Y 的位置。在扫描架运行测试过程中，测试探头移动到对应的坐标以后，相控阵天线只打开与测试探头对应的天线单元，其余的阵列天线单元全部处于关闭状态，这时，测试系统采集该单个天线单元的幅度相位数据并保存，以此类推，直到采集完所有的相控阵对应的阵列单元为止，单开单采测试完成，可通过数据分析绘图，得到相控阵阵面单元的幅度、相位分布。

口径场回推模式利用旋转矢量法计算平面近场测试的近场数据，再回推至口面场中对应的天线单元，获得相控阵阵列单元的幅度、相位分布。这种测试方式在近场测试时，按照正常的测试流程，测试完成后，通过算法进行计算来获取阵面单元的幅度相位分布。当然，也需要建立相控阵天线阵面与扫描架扫描范围的坐标关系。

中场测试模式在相控阵天线的每个阵列天线单元的远场进行测试，测试距离是整个相控阵天线的中间场或近场，此时测试每个相控阵阵列天线单元的远场，获得每个单元的幅度相位分布，测试过程可与单开单采的方式相同。

第 15 章

天线测试系统集成设计认知

15.1 测试系统设计

15.1.1 总体布局

　　天线测试系统的总体布局包括测试系统中的所有设备的安装位置的设计，例如射频仪器、测试电缆、转台、扫描架、微波暗室、测试机柜、控制计算机、测试间等。在天线测试系统设计时要充分考虑所有设备的安装条件与安装位置，防止造成不可逆的设计结果。图 15.1 所示的是某平面近场与远场天线测试系统布局图，可以看到转台的位置、扫描架的位置、暗室的大小、吸波材料的高低等。在测试系统建设施工之前，要确认所有的布局设计的正确性，保证测试系统的交付时间。

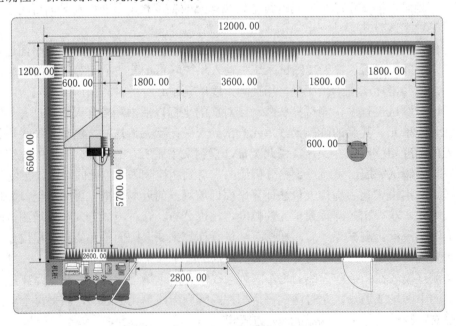

图 15.1　平面近场与远场测试系统布局

15.1.2 链路设计

天线测试系统的链路设计一般指的是射频的链路设计，包括测试系统中的所有仪表、电缆以及与射频相关的有源无源器件的连接关系。天线测试系统的射频链路常用的有三种方式。

矢量网络分析仪(源与接收机)、射频放大器与低噪声放大器的组合(内混频射频链路)，如图 15.2 所示。

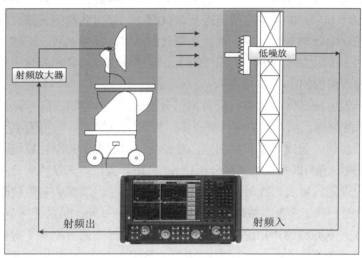

图 15.2 内混频射频链路

矢量网络分析仪(源与接收机)、本振中频分配单元、混频器、倍频器、耦合器的组合(单矢网外混频射频链路)，如图 15.3 所示。该系统对链路中的每个细节进行了详细标注设计，包括每个电缆的使用长度，以及铺设的位置。

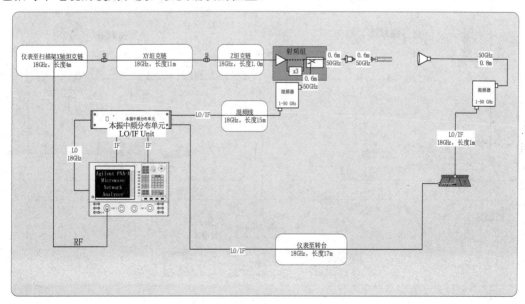

图 15.3 单矢网外混频射频链路

射频信号(RF)从矢量网络分析仪的前面板的 port1 端口发射，经过 4 m 场的 X 轴坦克链电缆，连接至 XY 坦克链电缆，最后进入 Z 坦克链电缆，之后到达射频组件中的倍频器与定向耦合器。耦合的射频信号进入参考混频器(1～50 GHz)，混频以后通过 LO/IF 电缆连接至本振中频分布单元中，本振中频分布单元除了给混频器提供本振信号外，内部的双工器把本振中频信号分开，参考中频信号滤波以后，通过中频(IF)电缆进入矢量网络分析仪的后面板上的中频 R1 接收机。

定向耦合器的直通口输出的射频经过 0.6 m 的射频电缆连接至射频旋转关节，通过旋转关节后，再经过 0.6 m 的射频电缆连接至测试探头，辐射到待测天线。待测天线接收以后，经过 0.8 m 50 GHz 的射频电缆，连接至测试混频器，混频以后，经过 1 m 电缆连接至转台，再连接 17 m 的电缆至本振中频分布单元，同样使用双工器把测试中频信号输出至矢量网络分析仪的后面板的中频 B 接收机。

矢网与信号源射频链路中具有：矢量网络分析仪(或接收机)、信号源、本振中频分配单元(85309B)、混频器、耦合器的组合等设备，如图 15.4 所示。可以看到该系统分了三个房间，分别是馈源间、天线暗室和控制室，在控制室中放置了控制计算机、转台控制器、RTC(系统多任务控制器)以及矢量网络分析仪 N5242B。其中，矢量网络分析仪作为中频接收机使用，接收馈源间以及天线暗室混频以后的中频信号，馈源间与天线暗室中分别配置有 E8257D 信号源，一个作为本振源，一个作为信号源，另外，配置了两个 85309B 中频分配单元，用来放大本振源的本振信号，连接至两个混频器，同时配置了射频放大器、低噪放、耦合器和电子开关。

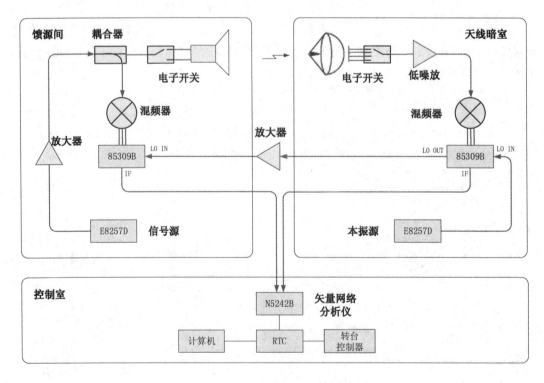

图 15.4 矢网与信号源射频链路图

15.1.3　系统动态计算

天线测试系统的动态范围一般定义为在给定不确定的条件下，能够测量的同时存在于输入端的最大信号与最小信号之比，并以 dB 表示。在测试系统中是非常关键的一个指标，一般测试系统的动态范围要达到 60 dB 才能满足天线测试要求，天线测试系统的动态范围计算公式为

$$DR = G_r + P_r - P_{ns} \tag{15.1.1}$$

式中，G_r 为接收天线增益，P_r 为接收信号电平大小，P_{ns} 为系统接收机动态灵敏度。

此外，在测试系统中还包括信号源的功率电平、发射天线的增益，一般以信号到达发射天线的入口电平开始计算，发射天线辐射以后，经过空间衰减到达接收天线，自由空间衰减公式为

$$L_{bf} = 32.5 + 20\lg F + 20\lg D \tag{15.1.2}$$

式中，L_{bf} 为自由空间损耗(dB)，D 为距离(km)，F 为频率(MHz)。

根据天线链路设计，可以很容易计算出测试系统的动态范围，系统动态范围和配置的射频器件与射频链路相关，可分类成两种动态计算方式，一种是无混频器的系统链路，按图 15.5 所示的射频链路计算动态范围进行计算，另一种是具有混频器的系统链路，如图 15.6 所示。

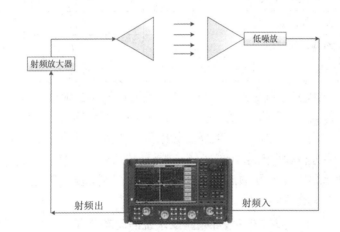

图 15.5　无混频器射频链路

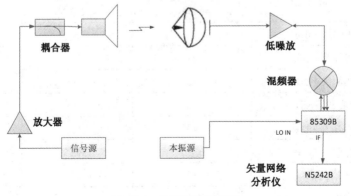

图 15.6　外混频射频链路

从图 15.5 所示的无混频器射频链路图中可以看出，网络分析仪的射频出口连接 10 m 的射频电缆至发射天线，其中 10 m 的射频电缆中间接入了一个射频放大器，射频信号经过发射天线、空间衰减(远场距离 8 m)，到达接收天线，再经过 10 m 的射频电缆进入网络分析仪的射频入口。在接收信号的 10 m 电缆中间接入了一个低噪声放大器用来提高接收信号的电平。经过计算，系统的动态范围如表 15-1 所示，完全可以满足天线测试的要求。

表 15-1　无混频系统的动态范围

各链路节点参数(频率/GHz)	10 GHz 链路 节点电平	20 GHz 链路 节点电平	40 GHz 链路 节点电平
射频出口功率/dBm	15	−10	10
10 m 射频电缆衰减/dB	−5	−12	−20
射频放大器增益/dB	25	25	25
发射天线增益/dB	20	25	25
空间衰减((@8 m)/dB	−70.5	−76.5	−82.5
接收天线增益/dB	30	30	30
低噪放增益/dB	25	25	25
10 m 射频电缆衰减/dB	−5	−12	−20
网络分析仪入口电平/dBm	−0.5	−5.5	−7.5
网络分析仪噪底电平(@1kHz)/dB	−100	−100	−100
动态范围/dB	100.5	94.5	92.5

从图 15.6 的外混频射频链路图中可以看出，信号源发出的射频信号经过放大器、定向耦合器、连接至发射天线，连接电缆长度为 2 m，经过空间衰减(远场距离 18 m)后，通过低噪声放大器，进入测试混频器，混频器变频中频，进入中频分配单元(85309B)，中频放大后，进入矢量网络分析仪(N5242B)的中频接收机。链路预算如表 15-2 所示，为了满足混频器的射频入口功率要求，在混频器入口处分别添加了不同衰减量的射频衰减器，防止混频器射频入口功率超出最大值要求。

表 15-2　混频测试系统的动态范围

各链路节点参数(频率 GHz)	10 GHz 链路 节点电平	20 GHz 链路 节点电平	40 GHz 链路 节点电平
信号源出口功率/dBm	0	5	10
2 m 射频电缆衰减/dB	−1	−2.4	−4
射频放大器增益/dB	25	25	25
定向耦合器损耗/dB	−2	−2.5	−3
发射天线增益/dB	13	13	13
空间衰减(@18m)/dB	−77.5	−83.5	−89.5
接收天线增益/dB	30	30	30
低噪放增益/dB	25	25	25

续表

各链路节点参数(频率 GHz)	10 GHz 链路节点电平	20 GHz 链路节点电平	40 GHz 链路节点电平
2 m 射频电缆衰减/dB	−1	−2.4	−4
混频器入口衰减器/dB	−25	−16	−12
混频器变频损耗/dB	−15	−30	−30
混频器中频功率/dBm	−28.5	−38.8	−39.5
中频分配单元(85309B)中频增益	20	20	20
网络分析仪噪底电平(@1kHz)/dB	−100	−100	−100
动态范围/dB	91.5	81.2	80.5

15.1.4 控制设计

天线测试系统的控制总线包含主控计算机对仪表、转台或扫描架的控制器和系统多任务控制器的通信控制。一般使用网口和 GPIB 接口进行通信程控，网线控制的极限距离是100 m，当大于 100 m 的程控时，需要加网络中继放大器。GPIB 的控制距离的极限长度是20 m，超过 20 m 需要使用电光转化设备，常用的是 NI 公司的 GPIB140A 转换盒。控制系统的连接框图如图 15.7 所示，从图 15.7 中可以看到计算机通过网络交换机控制了系统多任务控制器，利用 GPIB140A 接口控制了转台控制器、矢量网络分析仪、信号源和功率计。

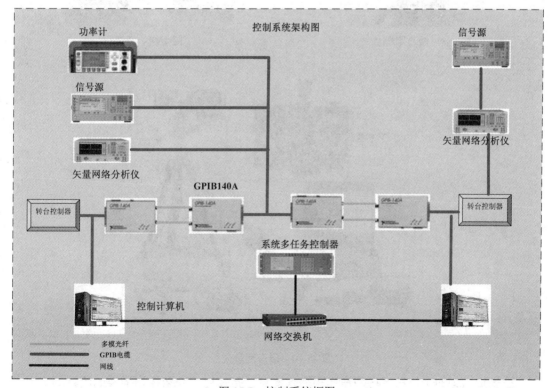

图 15.7 控制系统框图

15.2　测试系统验收

15.2.1　机械测量验收

天线测试系统在完成建设后需要经过验收测试方能正式使用，验收时需要对照技术要求的各项指标进行符合性验收。机械测量在系统验收中用于对近场扫描架或天线测试转台进行精度测试，精度测试包括定位精度、重复定位精度、平面度等指标。使用光学仪器测量，常用的光学测量设备包括激光跟踪仪、经纬仪、摄影测量仪，如图 15.8～图 15.10 所示。转台的转动精度控制一般使用经纬仪与光学棱镜的方式，把棱镜安装于转台的转动中心，当转台转动角度时，经纬仪根据棱镜的反射计算转动的实际角度，经过测试计算转动精度。

图 15.8　激光跟踪仪

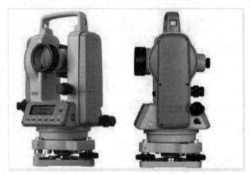
图 15.9　经纬仪

图 15.10　摄影测量仪

近场扫描架的定位精度可用激光跟踪仪测试，把反射镜安装在扫描架的测试探头上，扫描架按图 15.11 的路径进行运动，在运动过程中，激光跟踪仪会实时采集反射镜的空间坐标，经过软件计算出定位精度与扫描平面的平面度。

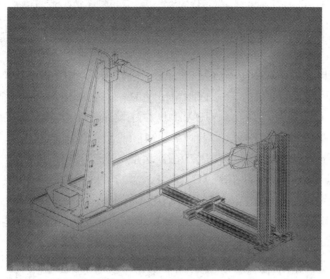

图 15.11　扫描架运动路径示意图

15.2.2　方向图的验收测试

天线方向图的验收测试一般采用对已知方向图的标准增益天线进行测试，如图 15.12 所示。测试后对测试结果指标与标准天线的指标进行符合性分析对比；另外一种方式是利用已知性能指标的试验天线产品，对比该天线产品在天线测试实验室测试系统的测试结果与新建天线测试系统的测试结果，验收该新建天线测试系统的测试指标是否满足要求，并出具验收测试报告。

图 15.12　标准增益天线

参 考 文 献

[1] 阮奇桢. 我和 LabVIEW[M]. 北京：北京航空航天大学出版社，2010.

[2] 王玖珍，薛正辉. 天线测量实用手册[M]. 北京：人民邮电出版社，2013.

[3] 刘胜，张兰勇，章佳荣，等. LabVIEW2009 程序设计[M]. 北京：电子工业出版社，2010.

[4] 天工在线. LabVIEW 2020 从入门到精通[M]. 北京：中国水利水电出版社，2022.

[5] 陈树学，刘萱. LabVIEW 宝典[M]. 3 版. 北京：电子工业出版社，2022.

[6] 毛乃宏，俱新德. 天线测量手册[M]. 北京：国防工业出版社，1987.

[7] 邹时磊. 微波网络分析仪数据校准模型和方法研究[D]. 武汉：华中科技大学，2009.

[8] 罗华飞. MATLAB GUI 设计学习手记[M]. 北京：北京航空航天大学出版社，2014.

[9] 钟顺时. 天线理论与技术[M]. 北京：电子工业出版社，2015.

[10] 唐赣. LabVIEW 数据采集[M]. 北京：电子工业出版社，2015.